JN314486

ゼロから学ぶ
統計力学

加藤岳生

それは4月始め、暗雲が垂れ込める風が強い日のことだった。4回生に進級したばかりの奈々子さんは、恨めしそうに教室の窓から外をみていた。新学期初めての授業だというのに、いやな天気だな、と考えていた。今から受けようとしている授業の科目は「統計力学」。去年落とした因縁の科目の授業である。去年、授業を受けたときは、ちんぷんかんぷんで何も理解できなかった。数回授業を欠席してしまっただけで、完全に置いてけぼりをくらってしまったのだ。今年は先生が変わっていることに一縷の希望を抱きながら、授業が始まるのを待っていた。今年こそ単位を取らないと、卒業が危ない。

ガラと戸が開いたと思うと、先生が入ってきた。頭はくしゃくしゃ、服はよれよれで、明らかに怪しい風体だった。

「いやぁ、今日は強い風が吹いていていね。昔から台風がやってくるとうきうきしたもんだった。うん、それじゃ、授業を始めようか」

奈々子さんは、唐突な話に面食らって先生を凝視した。そのとき、外で稲妻が走り、教室内にフラッシュが走り、そしてフランケンシュタインの誕生のごとく教授の体が光に一瞬照らされた。これが統計力学の授業がはじまりとなったのである。

講談社

はじめに　………この本はここがウリ！

　本書は統計力学をはじめて学ぶ人向けにかかれた教科書である。きっとアナタは、統計力学の教科書を探していて、この本を手にとって、この文章を読みはじめているに違いない。そのような人のために、この本の特徴（**セールスポイント**）を簡単にまとめておこう。

1．大事なことだけがかいてある！

　統計力学の教科書を一度でも読んだことがある方は、いろいろな難解な言葉や考え方がでてきて、戸惑った経験があるのではないかと思う。すでに挫折してしまったり、勉強が嫌になってしまった人もいるかも知れない。この本は、そういう方にはうってつけである。本書には、「エルゴート仮説」も「N次元超球の体積」も「位相空間」も一切でてこない。実は、これらは統計力学の一番重要な部分と関係ない、どちらかというと古いスタイルの説明なのだ。この本では、そういった古くさい説明で読者を煙に巻くことはせず、本当に大事なことだけがかいてある。本書では、**「これだけわかっていれば統計力学は大丈夫」**というところまで内容を厳選し、丁寧に説明してあるのだ。本書を読破できれば、さらに進んだ教科書も読みこなすことができるだろうし、統計力学の単位をとることは容易であろう。

2．前提知識がいらない！

　統計力学の教科書は、たいてい何かしらの前提知識を要求する。普通は解析力学、量子力学、熱力学の知識がないと読み進めることができない仕組みになっている。とくに熱力学は統計力学と深い関係にあるので、多くの教科書では必須の前提知識となっているはずだ。しかし、この本はそういった**前提知識をほとんど必要としないで読み進めることができる**のが特色である。この本で必要となる知識は、高校までの物理の知識に加え、大学初学年程度の微積分の知識だけである。さらに、熱力学を学んだ人は、この本を読み終わると熱力学をもっと深く理解できるようになるという、うれしい特典もついてくる。

3．語り口調で気持ちを伝える

　多くの教科書は語り口が無味乾燥だ。かいてあることは正しいだろうし、

ちゃんと説明されているのだろうが、それではちっとも楽しくない。物理学というのは、もともとは人類がはぐくんできた英知の結晶なのだから、そういった無味乾燥な説明ではなく、もっと**生きた言葉**で語るべきなのだ。というわけで、この本は語り口調で書かれている。統計力学で出てくる数式や法則の「気持ち」を「**だいたいこんな感じ**」という風に語るようにした。本書では、ある程度厳密性を犠牲にしても、「結局こんな風に理解すればいい」ということを可能な限り言葉で表現するようにした。統計力学を理解した人が**「はじめからこう言ってくれればいいのに!」**と思っている部分を、文字に書き起こしたのだ。

4. まじめにふまじめ

よくある質問や面白いトピックスを、各章に会話形式で挿入した。ここは息抜きの場でもある。いろいろ物理に関係ないネタも仕込んであるが、これらはほぼ実話に基づいている。統計力学の話だけではなく、**「物理学者の生態とはいかなるものか」**についても(?)学べることであろう。

5. 対象となる人

この本は以下のような人におすすめである。まず統計力学をはじめて学ぶ理系の学部生は、本書を読めば短時間で統計力学の極意を習得することができるだろう。学部を卒業し、何らかの事情で統計力学を再び学習しなくてはいけない方も、本書を使えば一番手っ取り早く復習ができるはずだ。半導体や材料開発に関わる技術者で統計力学が必要となる方は、本書を読めば最短経路で必要な知識を習得できるだろう。純粋に好奇心から「統計力学」を学びたい人も、この本であれば前提となる知識は最小限ですむから、まず手に取るべきは本書である。高校生で高校の数学や物理に飽き足らなくなっている方も、この本を読めば物理学の美しさを堪能できるであろう。このように、本書は多くの読者のニーズや好奇心に応えられるよう、あちこちに工夫がされているのだ!

加藤　岳生

ゼロから学ぶ統計力学　　　　　　　　　　目次

第1章　統計力学って何だ? …… 9

1.1　統計を考える …… 10
1.2　力学を考える …… 11
1.3　力学的記述から確率的記述へ …… 14
1.4　確率分布とそれを特徴付ける量 …… 19
1.5　もう一度気体の例を考える …… 23
1.6　気体分子モデルの続き …… 30
1.7　不可逆過程…覆水盆に返らず …… 33
1.8　不可逆過程をつくりだすもの…ボルツマンのH定理 …… 36

第2章　温度を定義しよう …… 45

2.1　温度の定義をめぐる話 …… 45
2.2　エントロピーの定義 (ステップ1) …… 46
2.3　温度の定義 (ステップ2) …… 50
2.4　具体例…ゴム弾性 …… 61
2.5　等重率の原理 …… 68

第3章　正準統計でお手軽計算 …… 75

- 3.1　高分子の模型を使って考える …… 75
- 3.2　確率の比を別の方法で導出する …… 78
- 3.3　ボルツマン分布の導出 …… 80
- 3.4　正準統計の公式：核スピンを例にして …… 83
- 3.5　独立した核スピンが複数ある場合 …… 91
- 3.6　正準統計をもっと使ってみよう …… 98
- 3.7　固体の比熱の実験結果を見てみよう …… 98
- 3.8　固体原子の振動模型 …… 100
- 3.9　固体の比熱の振る舞い …… 104
- 3.10　理想気体：準備運動 …… 108
- 3.11　理想気体：分配関数の定式化 …… 110
- 3.12　理想気体：いよいよ計算 …… 114
- 3.13　小正準統計から正準統計へ …… 118

第4章　自由エネルギーを使いこなそう …… 126

- 4.1　自由エネルギーの公式 …… 126
- 4.2　自由エネルギー公式の証明：一般の場合 …… 132
- 4.3　自由エネルギーを計算してみよう …… 134
- 4.4　熱力学の関係式を導出しよう …… 140
- 4.5　自由エネルギーの変分原理 …… 149
- 4.6　自由エネルギーは何が「自由」なのか …… 157
- 4.7　最後の砦：エントロピー公式 …… 160

第 5 章　グランドカノニカルでグランドフィナーレ …… 168

- 5.1　理想気体で生じる不可解な現象 …… 168
- 5.2　ボース統計とフェルミ統計 …… 170
- 5.3　正準統計でフェルミ統計の勘定をやってみる …… 173
- 5.4　大正準統計の導入 …… 177
- 5.5　確率分布を導出しよう …… 179
- 5.6　大分配関数に関する公式を導こう …… 181
- 5.7　相互作用のないフェルミ粒子系 …… 184
- 5.8　フェルミ分布の性質 …… 187
- 5.9　理想フェルミ気体 …… 192
- 5.10　フェルミ統計で物質の性質を読み解く …… 198
- 5.11　相転移現象で締めくくり …… 201

あとがき …… 215
練習問題の解答 …… 217
索引 …… 221

カバーデザイン／海野幸裕

カバーイラスト／本田年一

第1章

統計力学って何だ？

プロローグ

　それは4月はじめ、暗雲が垂れ込める風が強い日のことだった。4回生に進級したばかりの奈々子さんは、恨めしそうに教室の窓から外を見ていた。新学期はじめての授業だというのに、いやな天気だな、と考えていた。今から受けようとしている授業の科目は「統計力学」。去年落とした因縁の科目の授業である。去年、授業を受けたときは、ちんぷんかんぷんで何も理解できなかった。数回授業を欠席してしまっただけで、完全に置いてけぼりをくらってしまったのだ。今年は先生が変わっていることに一縷(いちる)の希望を抱きながら、授業がはじまるのを待っていた。今年こそ単位を取らないと、卒業が危ない。

　ガラと戸が開いたと思うと、先生が入ってきた。頭はくしゃくしゃ、服はよれよれで、明らかに怪しい風体だった。

「いやぁ、今日は強い風が吹いてていいね。昔から台風がやってくるとうきうきしたもんだった。うん。それじゃ、授業をはじめようか。」

奈々子さんは、唐突な話に面食らって先生を凝視した。そのとき、外で稲妻が光った。と同時に教室内にフラッシュが走り、そしてフランケンシュタインの誕生のごとく教授の体が光に一瞬照らされた。これが統計力学の授業のはじまりとなったのである。

1.1 統計を考える

まず、統計力学という科目名から説明しよう。統計という言葉は知っているだろうし、力学は大学入学したてのころに勉強したはずだ（ともによい思い出を持っていない人が多いんじゃないか）。それなのに、それが合体して「統計力学」とはどういうことだろう。そこから説明をしてみよう。

まず、統計のほうから考えよう。統計とは一言でいって、集団とその特徴を取り扱う学問である。人口統計や所得収入統計など、ニュースでよく見かける「統計」と名がつくものは、集団の特徴（人口とか収入とか）に注目して得られるものである。また集団の構成員すべてを調査できないときは、集団の一部を調査することもある。選挙のときに行われる出口調査などがその例だ。これらはすべて「統計」という学問分野の対象となるものである。

これら人間に対する統計を取るときには、常に**「注目している特徴以外の個々人の属性を捨て去る」**という作業をしていることに注意すべきである。例えば、人口統計では「人口」だけに注目するし、収入統計では「収入」に注目する。人の属性にはこれら以外にもさまざまなものがあるから、人間に対する統計を完璧に遂行することは不可能である。言い換えると、人間に対してどんな統計をとっても、必ず「注目している特徴以外のものを捨て去ってしまって」いるのだ。

ところがこの世には、全く無個性な集団というものものも存在する。そしてそれがこの授業の主題である。さて何だろう。

答えは身のまわりに転がっている。そう、原子とか分子とかである。僕のネクタイピンの銀原子と、そこに座って授業を受けている女の子のイヤリングの銀原子には、「何の区別もない」。後でもっとわかるけど、それはもう徹底して無個性である。どうやっても区別できない。これに気がついたら、原子分子を表すのに「統計」を使わない手はないだろうとすぐわかるだろう。統計につきものの「個性を捨てる」という作業が、原子や分子相手だったら始めから堂々と行えるのだから。

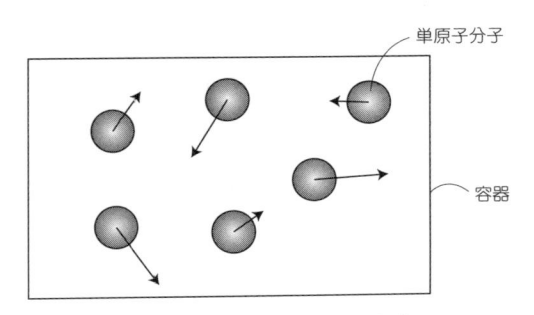

図 1.1 容器に封入した単原子分子気体

まとめると、統計力学とは「身のまわりの物質を構成している原子・分子が、集団としてどういう振る舞いをするか」を調べることを目的としている。この目的のためには、統計の考え方がとても有効である。これが「統計力学」のうち、「統計」の部分の意味である。

1.2 力学を考える

次に「統計力学」の「力学」のほうを考えよう。一番簡単な例として、単原子分子気体を考える。容器に単原子分子気体を封入して、そのときの様子をおおざっぱにかいたのが図 1.1 である。単原子分子気体とは単体の原子が分子であるような気体で、アルゴンとかネオンなどの希ガスは単原子分子気体である。ここでは簡単化して、平面 (二次元空間) での様子をかいているけれども、現実は気体分子は三次元空間中を運動する。また容器内にはアボガドロ数 ($\approx 6 \times 10^{23}$) 程度の莫大な数の分子がいることにも注意しよう。気体分子の一個一個は、かなりの高速で運動しており、分子は壁に何回も何回も衝突する。またそれだけでなく、分子と分子の衝突も頻繁に起こる。その結果、分子はあらゆる方向に、いろいろな速度で運動を起こす。高校ではしばしば各分子の速さすべて同じだと大胆に仮定して計算を行うけれども、本当は個々の分子のがいろんな速さを取り得ることを考慮しないといけない。ということで、図 1.1 には分子の速度が矢印で示してある。なお、この章では容器の体積

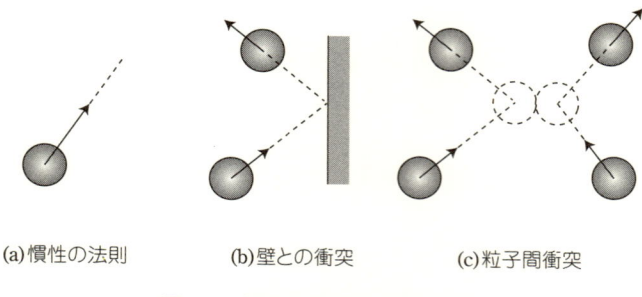

(a)慣性の法則　　(b)壁との衝突　　(c)粒子間衝突

図 1.2　気体分子が従う力学法則

は常に一定であるとする。

　このような単原子分子の運動を考えるときには、「力学」の意味は明解だと思う。気体分子一個一個は力学の法則にしたがって動いている。まず壁や分子に衝突しない限り、気体分子は直進するが、これは分子が慣性の法則に従っているからに他ならない (図 1.2(a))。分子が壁に衝突するときは、壁が理想的な断熱壁であるとすると、分子は壁との衝突でエネルギーを失わず、反射の法則のように壁の法線に対して折り返した方向に跳ね返る (図 1.2(b))。分子同士が衝突するときも、力学で学ぶ物体間の衝突と同じ考え方をしてよく、運動量保存則やエネルギー保存則といった力学でおなじみの法則を利用することができる (図 1.2(c))。

　こうして役者は整った。分子の動きを追っかけるのには力学が必要で、分子の集団全体を記述するには統計が必要なのである。そういうわけで「統計力学」という学問ができあがったのである。

　しかし、まだ説明が不十分だ。力学と統計力学の間がどのような関係にあるのか、もう少しよく考えてみよう。まず力学の視点から気体分子を眺めてみる。思い出してみると、力学では必ず初期条件というものを考える。例えば、初期時刻に気体分子が図 1.1 のような位置・速度を持っていたとする。すると、実はそのあと気体分子がどのような運動をするかは、運動方程式を解くことによってただ一つに定まってしまう！　力学で考えていると、どうしてもこうなってしまうのだ。例えば太陽系の惑星の運行は、適当な初期条件を

与えればその後の任意の時刻で惑星の位置・速度をすべて予言できてしまう。こうなってしまうと、「統計」のでてくる余地がなくなってしまうように見える。力学の視点で問題を解き続けてしまうと、起こりうることは一通りしかないから、確率がでてきようがないのだ。

　でもそれは「力学」の視点を使いすぎているのだ。分子の運動は確かに力学を使って解けるけれども、問題はそのあとなんだ。例えば、容器内の気体分子の運動を、ある初期条件の下ですべて解ききったとしよう。容器内には分子は通常アボガドロ数 (6×10^{23}) 程度あるので、最新のスーパーコンピュータでも運動方程式は解ききれないが、**100万分子くらいまでなら、なんとか解ける**。さて、分子の運動が解けて、任意の時刻で分子の位置と速度がわかったとする。むろん、運動は一通りなので、ここには確率はでてこない。次に、得られた分子の位置と速度から、気体の性質に関する物理量を計算することを考えよう。例えば、気体分子が容器に与える圧力を計算したいとしよう。これは分子が壁に衝突したときに壁に与える力積を計算していけばいい。もちろんそれは実行できるし、正しい結果を与える。しかし、**ずいぶんと効率が悪いように思わないか?**

　圧力は、壁が受ける力積の長時間平均であるが、十分長い時間の間に莫大な数の分子が壁と衝突しているはずだ。そのような状況では、個別の分子の立場で考えるのではなく、壁の立場になって考えた方がよい。壁に分子がぶつかるときの分子の入射速度や入射角度はさまざまにありうるだろうが、必要なのは個別の分子の位置・速度ではなく、莫大な回数起こる衝突についての平均値なのだ。だから、分子の「個別の特性」は重要なのではなく、分子の**「集団としての特性」**が重要になってくるのは明らかだろう。このあたりから「統計」の香りがただよってこないだろうか。同じように、気体の温度というのは一個一個の分子に対しては決して定義できない。温度は気体分子の集団としての性質を表す量であることを、あとの授業で見ることになるだろう。

　ということで、やはり統計を考える必要がでてくる。力学で分子の運動を解ききったとしても、それは明らかに情報を持ちすぎているのだ。途中でうまく「統計的な処理」を持ち込んで、確率分布や平均といった統計の概念を導入し、**情報を適切に捨てていったほうが、はるかに賢く計算ができるので**

	力学	統計力学
扱う対象	個々の特性	集団の特性
計算できる量	位置・速度	圧力・温度・エネルギーなど
持っている情報	すべて	確率分布などの統計量

図 1.3　力学と統計力学の違い

ある。さらに、統計処理の中で出てくる「分子の集団としての特性」に、圧力や温度などの重要な物理量の本質が隠れているのだ。この状況は経済学と似ているな。日本の国民一人一人の収入・支出や消費行動のすべてがわかったとしてもそれだけではダメで、さまざまな統計を通してはじめて日本の景気動向が明らかにできるのと同じようなものだ。前者が「力学」、後者が「統計力学」の考え方に対応する。ここまで説明した「力学」と「統計力学」の違いを、図 1.3 に表にしてまとめておこう。

とはいっても、もちろん力学を無視するわけではない。力学なしでは、何もできない。だから、力学から出発しつつも、最後には分子集団全体に対する統計に持ち込まないといけない。言い方をちょっと変えると、今から我々がやろうとしていることはうまいバランス感覚が必要であるともいえる。つまり、うまいこと力学は使うものの、使いすぎないようにして、途中のうまいところで統計的な考え方にスイッチするのである。どこでどのようにスイッチするか、が大変肝心であり、それをみごとに華麗にやってのけるのが「統計力学」の真骨頂なのである。

1.3　力学的記述から確率的記述へ

統計力学では「力学」から「統計」へのスイッチが行われる、ということを説明した。これから簡単な例を用いて、どこで「力学」から「統計」へのスイッチが行われるか見ていくことにしよう。

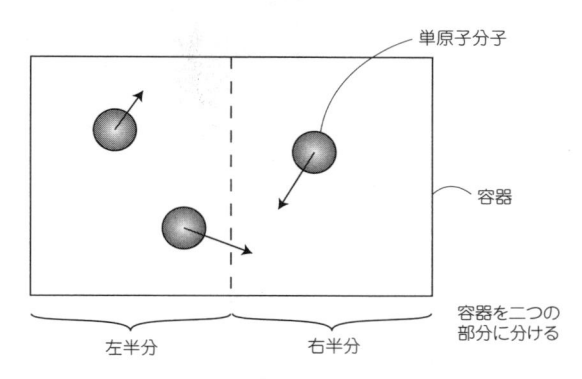

図 1.4 三つの単原子分子からなる気体

今から考える例は、とても単純である。図 1.4 のように容器に封入された 3 個の単原子分子を考える。三つの分子は壁や他の分子と衝突しながら、容器の中をあちこち飛び回っている (頭でイメージせよ)。分子の大きさや容器の形状がわかっていれば、3 個ぐらいの分子なら運動方程式をたてて、コンピュータで解くことができる。今、適当な初期条件を与えた上で、その後の任意の時刻での分子の位置や速度がすべて解かれていると仮定しよう。

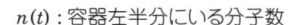

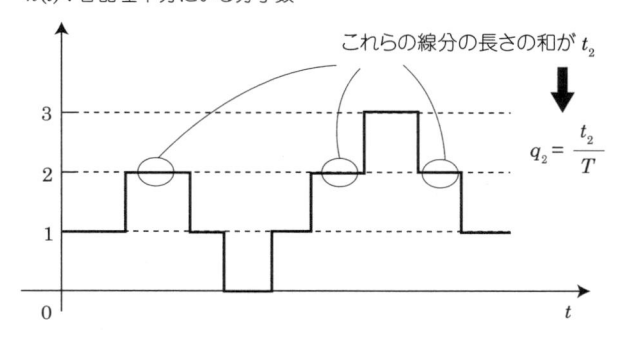

図 1.5 容器の左側にいる分子数 $n(t)$ の時間変化

ところですでに述べたように、各分子の個々の特性 (位置や速度) を知りた

いわけではないことに注意しよう。気体分子の集団 (3 個しかないが立派な集団である) としての特性がわかればよいのである。そこで、容器内の空間を左右に半々に分けて考え (図 1.4)、容器の左半分の中に分子が何個いるかを考えることにしよう。時刻 t に左半分にいる分子の数を $n(t)$ と置く。気体分子は動いているから、$n(t)$ は時々刻々と変化する。その様子は、$n(t)$ を時刻 t の関数としてグラフにすることでよくわかる (図 1.5)。$n(t)$ は 1 個の気体分子が容器の中央を横切るたびに、+1 か −1 だけ変化する。

この図をじっと見ているとある特徴に気がつくだろう。実際に運動方程式をしっかりとは解いてはいないのであるが、次のようなことはなんとなく予想できる。

- $n = 1$ になっている時間と $n = 2$ になっている時間はほぼ等しい。
- $n = 0$ になっている時間と $n = 3$ になっている時間はほぼ等しい。
- $n = 1$ や $n = 2$ になっている時間のほうが、$n = 0$ や $n = 3$ になっている時間よりも大きい。

第一と第二の点は、容器を左右半々に分割したので、対称性から推測される。問題は最後の点だ。これをどのように数式で表現したらよいだろうか。まず時刻 $t = 0$ から $t = T$ の間を考え、時間 T は十分大きく、粒子はその間に何回も容器の中央を横切り、かつ他の分子と何回も衝突を起こすと仮定する。次に、各整数値 $n(n = 0, 1, 2, 3)$ について、$n(t) = n$ を満たしている時間の合計 t_n を調べる (これは図 1.5 のグラフで、縦軸の値が n となっているグラフの横線の長さの和にあたる)。最後に $n(t) = n$ となっている時間の割合 $q_n = t_n/T$ を計算する。すべての時間の和は $t_0 + t_1 + t_2 + t_3 = T$ となるはずだから、$q_0 + q_1 + q_2 + q_3 = 1$ となっている。q_n の値を n の関数のグラフとしてかいたのが図 1.6 である。この図では $q_0 = q_3 < q_1 = q_2$ となるようにグラフがかかれており、さきほどの箇条がきの条件がすべて満たされている。

さてこのグラフ、どこかで見たことがないだろうか。また具体的に q_n を計算できないだろうか。

図 1.6 のグラフをかくには、図 1.5 のように $n(t)$ のグラフをかいておかないといけない。しかし分子 3 個といえども、かなり複雑な運動が起こってい

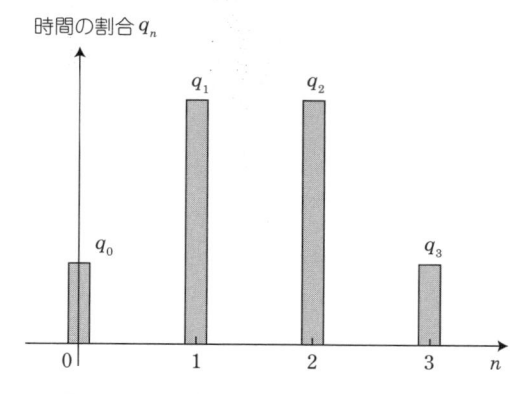

図 **1.6** $n(t)$ が n の値をとる時間の割合 q_n

る。壁との衝突だけでなく、分子間の衝突も起こるから、運動方程式を解けばわかるといいつつも、得られる運動はかなり乱雑なものになる。こういうときは、**むしろ一個一個の分子の動きを追いかけることをやめてしまって、思い切ったことを考えるほうがいい**。そこで、ある時刻 t に注目する 1 分子が容器左半分にいる「確率」を考えてみよう。容器の大きさは左右均等に分けていて、しかも運動は乱雑であるから、注目する粒子が容器の左半分にいる確率は 1/2 になるであろう。これは思い切った考え方ではあるのだが、多くの人は納得してもらえるのではないだろうか。

ここでは分子は区別できるものとして、分子に番号を振っておこう (本当はずっと後で議論するように、分子は互いに区別できない。しかし今考えている状況では分子を区別してもよい近似になっている)。そうすると図 1.7 に示すように、可能な 3 分子の配置は 8 通りになる。運動が十分乱雑であれば、これら 8 通りの配置は同様の確からしさで起こると考えるのが自然であろう。そうすると、左半分に粒子が n 個いる確率 p_n は、

$$p_0 = \frac{1}{8}, \quad p_1 = \frac{3}{8}, \quad p_2 = \frac{3}{8}, \quad p_3 = \frac{1}{8}$$

と計算される。横軸を n, 縦軸を確率 p_n としてグラフをかいたものを確率分布と呼ぶが、今考えた確率の確率分布は図 1.8 で与えられる。これは時間の

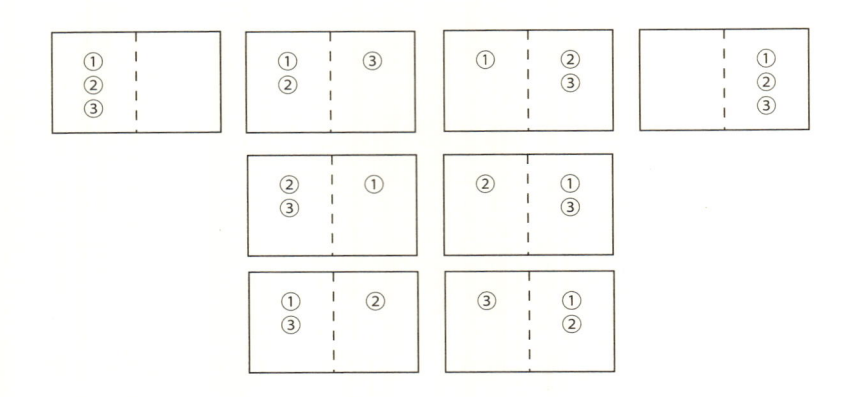

図 1.7　三つの気体分子の配置の仕方

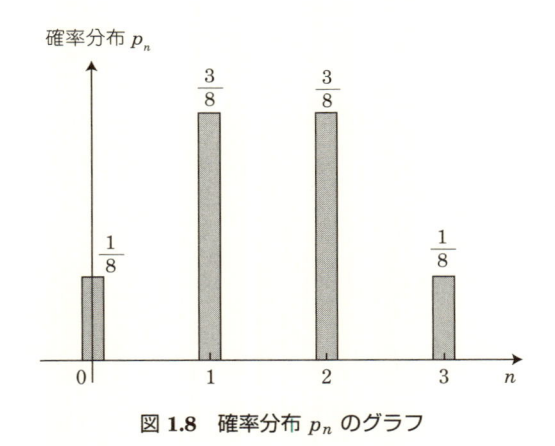

図 1.8　確率分布 p_n のグラフ

割合を使って考えた図 1.6 の特徴をすべて備えているではないか！　さきほど図 1.6 をかくときには、運動方程式をまじめに解く必要があった (図 1.5) のに、図 1.8 の確率分布をかくときには簡単な確率計算だけで済んでしまったことに注意しておこう。以上は**「力学の性質を統計で代用する」**というアイディアの根幹を示すものである。

このような視点の切り替えに戸惑う人がいるかも知れない。はじめに 3 分

子の運動を力学を使って追いかけていたはずなのに、最後には確率の計算になってしまった。なんとなく理解できるとしても、本当にそれでいいのだろうか？　そのような疑問は当然のことだ。でも残念ながら、この疑問に明快に答えるのはなかなか難しい。それでも次節でもう少し確率分布の説明をしたあとに、もう一度何が行われたのかを整理してみることにしよう。

1.4　確率分布とそれを特徴付ける量

　せっかく確率分布がでてきたので、ここで確率分布の定義と、それにまつわる重要な量である期待値、分散、および標準偏差をおさらいしておこう。これらは「統計」の授業で諸君はすでに学んでいるはずであるが、とくに分散と標準偏差は、学んでもよくわからず、恐怖感を抱いている人は少なからずいることだろう。でも安心してほしい。分散も標準偏差も、実はたいして難しい量ではないのである。

　今、注目している量を n とする。n はここでは簡単化のために整数としておこう。各 n の値に対して確率 p_n が定義されるとき、n を確率変数、p_n を確率分布 (もしくは確率分布関数) と呼ぶ。例えば、3 個の気体分子の例では、容器の左側にいる分子数 $n(=0,1,2,3)$ を与えたとき、確率 p_n が図 1.8 のように与えられているので、このとき n は確率変数であり、p_n は確率分布である。確率分布は、図 1.8 のように n を横軸とし、各 n の値に関して p_n を棒グラフで表すことで、図示することができる。

　次に、確率分布の期待値（平均値）を考えよう。確率分布 p_n に対する期待値を $E(n)$ と表すが、それは以下のように定義される。

$$E(n) = \sum_n n \times p_n$$

ここで $\sum_n$ は n の取り得る値すべてについての和を表す。例えば、気体の例で得られた確率分布について期待値を計算してみると、

$$E(n) = \sum_{n=0}^{3} n \times p_n$$

確率分布 p_n

$E(n)$ ：分布の期待値
(分布の重心にあたる)

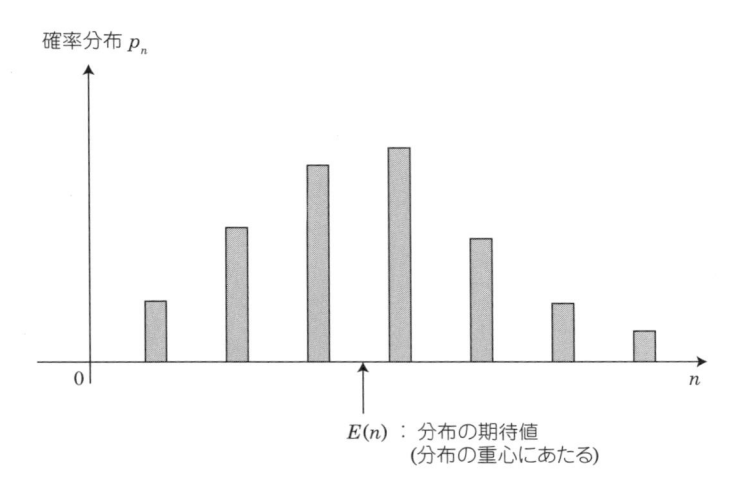

図 1.9　期待値 $E(n)$ の意味

$$= 0 \times \frac{1}{8} + 1 \times \frac{3}{8} + 2 \times \frac{3}{8} + 3 \times \frac{1}{8} = 1.5$$

となる。期待値の意味することは簡単である。この例では、容器の左半分にいる粒子数は平均して 1.5 個である、ということである。一般に確率分布のグラフでは、期待値はちょうど分布の重心にあたっている (図 1.9)。

(a) 狭い分布　　　　　　　(b) 広い分布

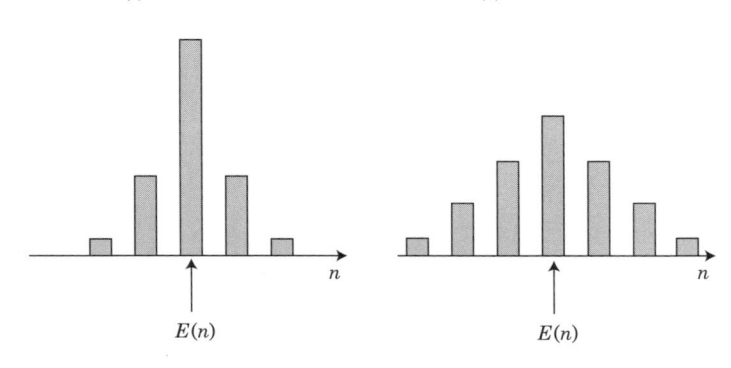

図 1.10　分布の広がりの違い

次にもう一つ大切な量を定義しよう。今から定義する量は、期待値のまわりでどれぐらい確率分布が広がっているかを表す量である。例えば、図 1.10 にかかれた二つの確率分布は、ともに同じ期待値を持つが、期待値のまわりの分布が広がりは大きく異なる。図 1.10(a) では分布は期待値のまわりに狭く分布しており、図 1.10(b) では広く分布している。確率分布が期待値のまわりでどれぐらい広がっているかを定量化したいのだが、どうしたらいいだろうか。

すぐに思いつくのは、期待値からの差 (これを残差という) を、確率分布に関して平均してしまうものである。具体的な計算をさきほどの 3 個の気体分子で計算した確率分布 (図 1.8) で考えてみよう。分布の期待値は 1.5 であったから、

$$(\text{分布の広がり?}) = (0-1.5) \times \frac{1}{8} + (1-1.5) \times \frac{3}{8} + (2-1.5) \times \frac{3}{8} + (3-1.5) \times \frac{1}{8}$$

を計算するとよさそうである。ところが、これを計算してみると 0 になってしまう。さらにいうと、「どんな確率分布でも」このようにして定義した量は必ず 0 になる。なぜだろうか。答えは簡単だ。期待値より大きい値に対しては、残差は正になっているけれども、期待値より小さい値に対して、残差は負になってしまって、それらがちょうど打ち消し合ってしまうのである。上の例では、$n = 0, 1$ のときの残差は負、$n = 2, 3$ のときの残差は正になっていて、これでちょうど打ち消し合いが起こる。

このように分布の広がりを表すのに、残差を考えるのはいいのだけれども、残差に正負があるので、それをそのまま分布で平均するのはよろしくない。では分布の広がりをうまく定義するにはどうすればいいだろうか。答えはいくつかある。例えば「残差の絶対値」を考えて、それを分布に関して平均をとり、それを分布の広がりを表すものとして採用することができる。しかし、「残差の絶対値」は数学的にあまりいい性質を持っていないので、通常はこの定義は用いられない。そこで代わりに分布の広がりを表す量として、「残差の二乗」を分布に関して平均した量を考えよう。二乗をとっておけば、期待値より大きい値でも小さい値でも、残差の二乗は正になる。そして、残差の二乗は期待値からどれくらい離れているかの指標となるから、これを平均すれば、今度は打ち消し会うことなく、分布の広がりを表す量となる。このように定

(a) 3個の気体分子の例　　(b) 一般の場合

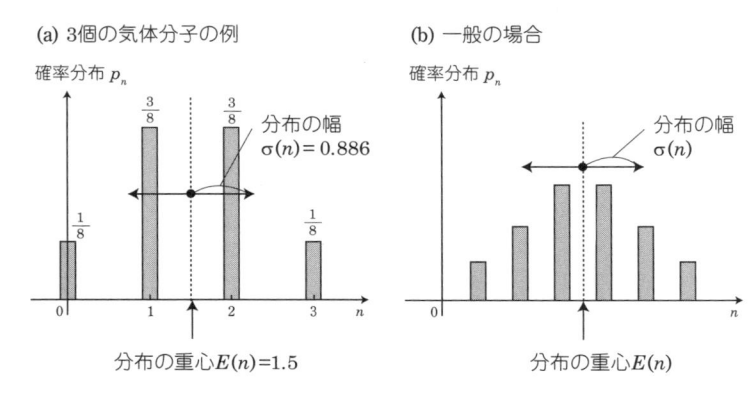

図 1.11　標準偏差 $\sigma(n)$ の意味

義した量を、確率分布の「分散」と呼び、$V(n)$ と表す。つまり分散は

$$V(n) = \sum_n (n - E(n))^2 \times p_n$$

と定義される。さきほどの気体分子の例でいえば、分散は

$$V(n) = (0-1.5)^2 \times \frac{1}{8} + (1-1.5)^2 \times \frac{3}{8} + (2-1.5)^2 \times \frac{3}{8} + (3-1.5)^2 \times \frac{1}{8} = \frac{3}{4}$$

と計算できる。

　これで分布の広がりが計算できたのだが、これを確率分布の図にかき入れるにはどうしたらいいだろう。気体分子の例では、分散は 3/4 であるが、残念ながらこの値をそのまま分布の図にかき入れるわけにはいかない。というのも、分散を計算するとき、残差の二乗をとったからである。気体分子の例でいうと、残差は (個) の単位を持っているから、分散は (個)^2 の単位を持ってしまっている。これを普通の単位である、(個) にするには、分散の平方根をとればよい。これを標準偏差といって、$\sigma(n)$ とかく。気体分子の例では

$$\sigma(n) = \sqrt{\frac{3}{4}} = \frac{\sqrt{3}}{2} \simeq 0.886$$

と計算される。これが期待値 1.5 のまわりに分布がどの程度広がっているかを表す量である。つまり、気体分子の例で計算した確率分布は、$E(n) = 1.5$ を

中心として、$\pm\sigma(n) = \pm 0.886$ 程度広がっているのである。この標準偏差 0.886 は、そのまま図にかき込むことができる。それをやったのが、図 1.11 (a) である。まとめると、一般の場合に、確率分布のグラフでは、期待値と標準偏差は図 1.11 (b) のようにかける。

[練習問題 1] n をサイコロの目とし、p_n を n の目がでる確率とする。各サイコロの目がでる確率は互いに等しいとしたとき、$E(n), V(n), \sigma(n)$ を計算せよ。また確率分布のグラフをかき、そこに $E(n), \sigma(n)$ が表すものをかき込め。

[練習問題 2] n を 0 以上の整数とし、p_n を確率分布とする。このとき、$V(n) = E(n^2) - E(n)^2$ を示せ。ただし $E(n^2)$ は n^2 の確率分布に関する平均であり、$E(n^2) = \sum_{n=0}^{\infty} n^2 p_n$ である。(練習問題の解答は巻末)

1.5 もう一度気体の例を考える

さて、確率分布の説明も終わったので、もう一度容器に入った 3 個の気体分子の例を考え直してみよう。諸君は、私の説明に一旦納得したかも知れないが、私がさきほど説明したことには、かなりとんでもないことが含まれる。そもそも、どこで「力学」から「統計」にスイッチしただろうか。よく見てみよう。

まず我々は時刻 t に容器の左半分に含まれている分子数 $n(t)$ に注目した。「力学」から出発したときには、$n(t)$ と時間の関数として捉え、さらに $n(t)$ がある決まった値 n をとる頻度（時間的な割合）を考えた。

> **第一の見方** 「十分長い時間内に」各 n の値をとっている「時間の割合」が q_n である。

次に分子 3 個の運動は十分に乱雑であるとして、可能な 8 通りの分子の配置をかいた。ここで「図 1.7 で示されるすべての分子配置が同様に確からしい」

という仮定をおいて、確率の計算を行った。そう、ここで「統計」へのスイッチが起こっている。そして、次の見方に移ったのである。

第二の見方　「ある時刻に」各 n の値をとっている「確率」が p_n である。

絶妙に見方が変わっていることに注意してほしい。話がすり替わっていて、ほとんど**諸君をだました**といってもいいくらいである。いろいろと論理にジャンプがあるのだ。

詳しく説明しなかった論理の飛躍は大きくわけて二つある。

まず一つめは、「第一の見方」から「第二の見方」へ見方をかえ、時間の分布 q_n を確率の分布 p_n に置き換えたということである。これは何を意味しているだろうか。これは種を明かすと簡単である。「第一の見方」から「第二の見方」にうまく移りかわっても「興味のある物理量が変わらないように」こちらで確率分布を与えてしまうのである。本当に扱いたいのは「第一の見方」のほうであるが、それと同じ計算結果を与える確率分布をこちらで用意してあげて、「第二の見方」で代用するのである。こういう見方の転換によって、考えている物理量の計算が格段にやさしくなる。例えば、気体を考える場合は、その圧力や温度に興味があるわけだが、その計算結果が変わらないように、「第一の見方」から「第二の見方」に見方を変えるのである。また3分子の例でいえば、「左側にある粒子の個数」の平均値が正しく計算できれば、どちらの見方をとってもいいのである。

もう一つは「図 1.7 に示したような3分子の左右の配置の仕方は、**すべて同様に確からしい**」という仮定である。これは一見すると正しそうに見える。というのも、分子の運動は「乱雑」であるからである。「乱雑」であるからには、ある分子配置だけが特別であるわけはない。だから「同様に確からしい」とするのは、自然なことである。ところが、まず「同様に確からしいこと」を数学的に定義するのが大変である (解析力学のかなり高級な概念を使う)。数学的にちゃんと定義したあとも、「同様に確からしいこと」を示すのは相当難しいのである。実際、あまりにも難しすぎて、誰もこの仮定を一般的な物理現

象に対して数学的に証明できていないくらいなのだ！

　さぁ、このへんで潮時である。実はここは統計力学のもっとも深い部分である。面白い部分であるが、詳しくやると「**泥沼**」にもなる危ない箇所である。この講義では、「ここは深いぞ」とだけおどして、とっとと通過してしまおう。この講義では、我々は以下のような立場をとる。まず「図 1.7 の分子配置は同様に確からしい」といった仮定を素直に受け入れてしまおう。適当な確率のモデルを決めて、それを受け入れるのだ、という言い方もできる。そして、それで計算を実際にやってみるのだ。幸いなことに、物理には実験というものがある。万一計算結果が実験と合わなかったら、はじめの仮定のどこかが間違っていることになるので、その時点で改めて考え直すことができるのだ。ちなみに、この授業でやる統計力学の計算結果は、多くの実験によってちゃんと確かめられているから、安心してほしい。

　これで文句あるかな？　え!?　文句ある？　まぁまぁ。ここで文句なしとしとかないと、この授業の単位はないということになるぞ。わっはっは。じゃ、今日の授業はおわり。来週からはもっとスピードを上げるからちゃんとついてくるんじゃぞ。ではさらば！

　先生はそういうなり、くるっと体を回転させて、どたどたと出口からでていった。統計力学もなんか面白そうだなと思わせる変な説得力がある授業だった。しかし、あの挙動不審な風体はどうにかならんものか。

　奈々子さんは教室をでて、学生用の掲示板に向かった。今日は卒業研究の配属先が決まっているはずであった。この大学では、配属の希望を出す前に学生同士で相談して、すでに調整済みである。だから、自分の配属先は自分の希望通りになっているはずだった。それを確認するために掲示板を見にきたのである。そう、ただ確認するためのつもりだったのだ。

「なんで配属先が変わっているのよー。しかも、あの怪しい統計力学の先生じゃない！！！！」

廊下に叫び声がこだました。

おもしろゼミナール

　部屋の中から何やら言い争う(?)声がきこえていた。
「先生、それは間違ってます」
「なんでだ。この項は正のはずだから、ここをこうするとうまく行くはずだ」
「だから、さっきから何度もいうように、この項はゼロなんです」
「あれ、そうだっけ。じゃあ、ここに負の項を付け加えて」
「なんでそんな根拠もなく項を付け加えるんですか」
ずっと聞いていてもきりがなさそうなので、奈々子さんはそっと研究室のドアをあけた。そこにはよれよれの服を着た先生と、若い助教がいた。二人は好対照だった。先生のほうは変人の部類に入るのに対し、助教のほうはまじめな性格らしく、服装はきちんとしていて、めがねをかけていた。二人は黒板を前にして議論をしているようだった。黒板には、訳のわからない図形がびっしりとかかれていた。

奈々子さん　あのー、卒業研究の配属の挨拶にきたのですが。

先生　あ、どうぞどうぞ。別に取って食ったりしないから、こっちにおいで。

奈々子さん　あの、おじゃまじゃないですか。何か言い争っているみたいだったから。

助教　はははは。研究の議論をしていたんですよ。いつもこんな感じの議論をしているんです。別にけんかしていたわけじゃないですよ。先生はいつも変なアイディアを持ってくるから、僕が一つ一つ撃ち落としていたんです。

先生　たまにはちゃんとしたアイディアだって持ってくるぞ。ふん。

助教　すごくたまにね。

奈々子さん　はぁ。一つ聞きたいんですが、私の卒業研究の配属はA先生だったんですが、なんでここに変わったんですか?

先生　A先生は他の大学へ異動することになった。栄転だ。急に決まったから、卒業研究の配属先を決め直す時間がなくてな。うちの研究室には、卒研の学生がたまたまいなかったから、引き受けたというわけだ。

奈々子さん　はぁ。(ああ、こんなはずじゃなかったのに)

助教 今からここ以外の配属先を探すのは大変ですよ。ここは物性科学の研究室ですが、なかなか面白い分野です。やりがいがあるので、ぜひここで卒業研究をやってください。

奈々子さん はぁ。（まぁ、仕方ない。この助教さんはまともそうだから、なんとかなるかな）

先生 確か君は統計力学の授業に出席してたね。授業でわからないことはなかったかね。気軽に質問してくれていいぞ。そうだ、コーヒーでもいれよう。

　助教が手際よく三人分のコーヒーをいれてくれた。机を囲んでみんなでそれを飲み合った。一息いれたところで、奈々子さんが質問をはじめた。

奈々子さん 授業の内容はなんとなくわかりました。でもまだ狐につままれた気分です。

先生 そうだろうね。今日の分は、統計力学の一番深いところだからね。そういう気分になるのは当然だと思う。

奈々子さん それで一つ質問なのですが、去年同じ「統計力学」の授業で「エルゴート仮説」というものがでてきたのです。これが全然わからなくて、去年の授業は落ちこぼれてしまったんです。ところが今年の先生の授業にはそれがでてきません。どうなっているんですか?

先生 いい質問だね。実は私の授業にも「エルゴート仮説」の一部がでてきているんだよ。

奈々子さん え、そうなんですか? それらしい言葉は出てこなかったけど。

先生 「エルゴート仮説」なんて言葉は出さずにおこうと思ったんだ。でもいい機会だから、「エルゴート仮説」も説明しておこうかな。といっても、本当にちゃんと説明するのは大変なので、おおざっぱな感じだけしか伝えられないが。

奈々子さん ぜひお願いします。

先生 まず簡単のため二次元の空間を考えよう。円形の容器内部に単原子分子を1個おいて、適当な初速度で分子を運動させる。さて、この分子は円の内部のすべての点の近傍を通るだろうか。

奈々子さん えーと。あ、図をかくと図 1.12(a) のようになるから、内側に粒子の通らないところができるわね。

(a) 円型容器　　　　　　　　(b) スタジアム型容器

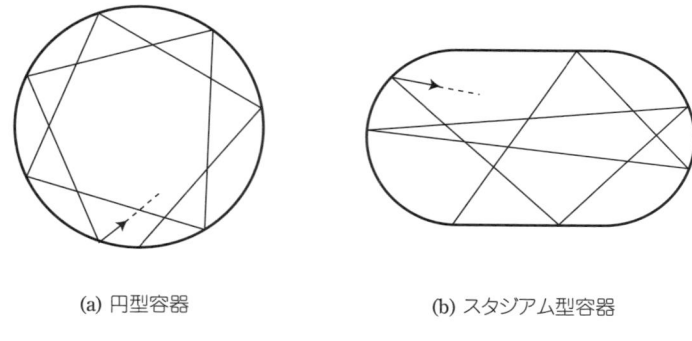

図 1.12　エルゴート性の説明

先生　そうじゃな。でも不思議なことに、ちょっとだけ変形して、図 1.12(b) のような運動場のトラックのような形にすると、粒子の軌跡はトラックの内部を限りなく埋め尽くすことができるようになるんじゃ。このように「十分に時間がたてば、与えられた空間のすべての場所の近傍をすべて通過できる」ということを、**「エルゴート性」**という。つまり、円形容器はエルゴート性をもたないが、スタジアム型容器はエルゴート性を持つ。ほんとは分子の速度についても考えないといけないけどね。まぁ、おおざっぱに「すべての状態（位置＋速度）をめぐれる」＝「エルゴート性」といっていいだろう。

奈々子さん　その「エルゴート性」とエルゴート仮説はなんの関係があるんですか？

先生　授業で二つの見方がでてきただろ？　第一の見方は時間軸で見る見方で、第二の見方は確率の見方だったはずだ。このどちらの見方でも、注目している物理量、とくに期待値は変わらないように、うまく第二の見方を用意すればいいと授業で説明した。でもこれはちょっと厳密性に欠ける説明でね。力学の範囲内でもう少し厳密にやることができる。力学では、第一の見方による期待値を**「物理量の時間平均」**、第二の見方による期待値を**「物理量の確率による平均（アンサンブル平均）」**というんだ。アンサンブル平均というのは解析力学の言葉なんだが、今はあんまり気にしなくていいぞ。要するに確率による平均だと思ってくれればいい。さて、古典力学の範囲で両者がきちん

と定義できるので、「時間平均とアンサンブル平均が一致する」というのは数学的な命題となるんだ。つまり証明が必要なことなんだ。でも、さっきいった「エルゴート性」を持っている物理系では、「時間平均とアンサンブル平均が一致する」ことはすぐに数学的に証明できる。

奈々子さん　ええー。それじゃ、二つの見方が同じになることをちゃんと示せるんじゃないですか。

先生　そうなんだが、考えている物理系が「エルゴート性」を持つことを数学的に示すことが難しいんだ。さきほどいった、トラック型容器内の分子の運動は、数少ない「エルゴート性」を証明できる例なのだ。そんなわけで統計力学ではすべての興味ある物理系は「エルゴート性」を持つであろう、という「仮説」を元に話を進めてしまう。この仮説が「エルゴート仮説」なんだ。

奈々子さん　なるほど。統計力学の基礎って、結構いい加減なものなのね。

先生　……面目ない。

奈々子さん　じゃあ、統計力学の基礎付けを考えるには、エルゴート仮説を証明することがとても重要ってこと?

先生　うーん、それはどうだろう。エルゴート仮説というのは、統計力学という学問が作られたときに、その理由付けのために考えられたもので、かなり古い概念なんだ。未だに多くの教科書で、エルゴート仮説の説明からスタートしているけれども、統計力学の基礎付けにエルゴート仮説を持ってくるのはもう時代遅れといっていい。もっといい基礎付けのやり方があるはずだ、とわしは思う。実際、量子力学の基礎概念から統計力学を導こうという試みが最近行われている。うまくいけば、将来統計力学の教科書から「エルゴート」の文字が消えるかも知れないな。

奈々子さん　なんだ、そうなんだ。私「エルゴート仮説」のところで挫折して、それで統計力学が嫌いになったのよ。

助教　エルゴート仮説を統計力学のはじめに持ってくるのは、初学者にとって百害あって一利なし、といえるかもしれませんね。奈々子さんも統計力学の基礎付けの話はとりあえずおいて、先に進んだほうがいいですよ。

奈々子さん　はい。言われるまでもなく、次に進みます。今ちょっと話を聞いただけでくらくらしたもの。あ、ところで一つお願いがあるんですがいいです

か。今日、傘を家に忘れてきてしまったので、傘を貸してもらいたいんです。

　外はすでに雨が降りはじめていた。このままではどしゃぶりになりそうな勢いだ。

先生　ああ、構わない。そこにあるのを持っていっていいぞ。

助教　あっ。

奈々子さん　ありがとうございます。じゃ、私はここで失礼します。

　奈々子さんは傘をとって、さっさと出て行ってしまった。

先生　なかなか素直な子じゃないか。これから1年じっくりと鍛えてやろう。ほっほっほ。

助教　先生、あの。一つご忠告が。

先生　なんだね。

助教　さきほど貸した傘は、先生が何度も何度も傘をなくされて、奥さんに「これが最後の一本よ」と怒られながらもらった傘じゃなかったですか。先生、今日はどうやって家に帰られるんですか？

先生　がーん。

1.6　気体分子モデルの続き

　前回の授業では、統計力学の考え方をおおまかに説明した。確率分布の話もしたが、そこで導入した「期待値」や「分散・標準偏差」などの量は、まだその威力を発揮しているとは言いがたい。今回の授業では、「期待値」「分散」などの量が、統計力学で極めて重要な役割を果たすことを見ることになるだろう。

　前回は3個の単原子分子からなる気体を考えた。今回はそれをもっと一般の場合に拡張して、容器に封入された N 個の単原子分子を考える (図 1.13)。前回と同様に、容器の内部を左右に等分し、左半分の領域にいる分子の数を $n(0 \leq n \leq N)$ とする。気体分子は乱雑に動いているとし、それぞれに $1, 2, 3, \cdots, N$ と番号をつけておく。このとき、左半分に n 個の分子がいる確率 P_n を考えたい。まず、分子1から分子 n までがすべて左、分子 $n+1$ から分

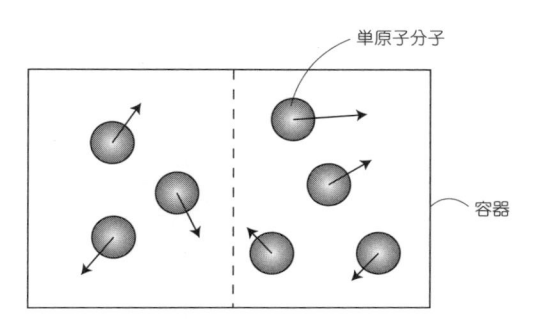

図 1.13 容器に封入された N 個の単原子分子

子 N までがすべて右にある確率を計算しておく。これは $(1/2)^n \times (1/2)^{N-n}$ となる。でも、実際にはどの分子が左に n 個あってもいいので、N 個の中から n 個の分子を選ぶ場合の数 ${}_N C_n$ をかけておく必要がある。よって P_n は

$$P_n = {}_N C_n \left(\frac{1}{2}\right)^n \left(\frac{1}{2}\right)^{N-n} \tag{1.1}$$

と計算される (この分布は二項分布と呼ばれる)。この確率分布はどのような特徴を持っているか？ P_n がわかったので、早速、期待値と分散を計算してみよう。まず確率分布 P_n の期待値と分散は、定義から

$$E(n) = \sum_{n=0}^{N} n P_n \tag{1.2}$$

$$V(n) = \sum_{n=0}^{N} (n - \langle n \rangle)^2 P_n \tag{1.3}$$

と表される。ここで式を見やすくするために、2 番目の分散の式で期待値 $E(n)$ を $\langle n \rangle$ と略記した。確率分布の式 (1.1) を代入して、少し計算をすると、

$$E(n) = N/2, \quad V(n) = N/4$$

が得られる。この計算は統計の授業ですでにやったはずであるが、はじめて知ったという人は、次の練習問題を解いてみてくれ。

[練習問題 3] 以下の問いに従い、二項分布 $P_n = {}_N C_n \left(\frac{1}{2}\right)^n \left(\frac{1}{2}\right)^{N-n}$ の期待値と

分散を計算せよ。
(1) 二項定理 $\left(\dfrac{x}{2}+\dfrac{1}{2}\right)^N = \sum_{n=0}^{N} {}_N C_n \left(\dfrac{x}{2}\right)^n \left(\dfrac{1}{2}\right)^{N-n}$ の両辺を x で微分することで、期待値が $E(n) = N/2$ となることを示せ。
(2) さらに x でもう一度微分することで、分散が $V(n) = N/4$ となることを示せ。

　この期待値と分散の結果を使って、分布関数 P_n の大まかなグラフをかくことができる。まず、分布の期待値は $E(n) = N/2$ だから、分布の重心は $n = N/2$ のところにある。一方、分布の幅は、標準偏差で与えられるが、それは分散の平方根なので、$\sigma(n) = \sqrt{V(n)} = \sqrt{N}/2$ と計算される。よって、分布の幅はだいたい $\sqrt{N}$ 程度であることがわかる。

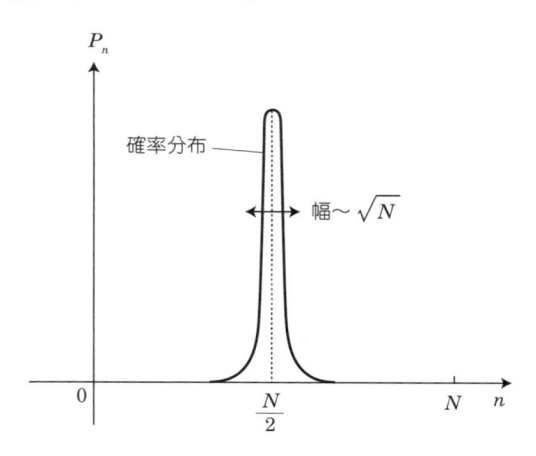

図 1.14 N が十分大きいときの確率分布 P_n

　さて、ここからが問題だ。ここまでは、どんな N に対しても成り立つ結果であった。しかし、今考えている容器中の気体の問題では、通常分子数 N はとてつもなく大きいと考えてよい。例えば、常温常圧で 1cm^3 の大気に含まれる分子数はおよそ $N = 10^{19}$ である。このように N が非常に大きいときには、確率分布 P_n のグラフはきわめて特徴的なものになる。簡単のた

め $N = 2 \times 10^{20}$ ととると、期待値は $N/2 = 10^{20}$ となり、一方、標準偏差は $\sigma(n) = 10^{10}/\sqrt{2} \simeq 7 \times 10^9$ と計算される。標準偏差は期待値に比べ、10 桁以上も小さいのだ。標準偏差が、確率分布の期待値まわりの分布幅であったことを思いだそう。期待値と分散の結果から、N が非常に大きいときの確率分布 P_n のおおよその形は図 1.14 のようになる (確率分布を棒グラフでかくのは難しいので線グラフでかいてある)。分布はほとんど期待値である $n = N/2$ 付近に集まってきていて、**期待値まわりの分布の幅は (1 よりは十分大きいが) 期待値の大きさに比べるときわめて狭い**。言いかえると、容器の左半分にいる気体分子の数は、ほぼ全分子数の半分といってよく、ほとんどそこから揺らがないのである。

　この結論は、実は「統計」の分野では大変おなじみのものである。今考えている確率分布は二項分布と呼ばれるものであるが、二項分布は他の例でも現れる。例えば、コインを N 回投げて n 回表がでる確率も、二項分布 P_n で表される。さきほど議論した N が大きいときの確率分布 P_n の特徴は、とどのつまり「コインを投げる回数 N をどんどん増やしていくと、表がでる回数はほぼ確実に $N/2$ 近くなる」ということと全く同じなのだ。いや、実はコインの例よりもっといいことがある。コインはせいぜい 100 回ぐらいしか振ることができないが、気体分子なら N が 10^{20} ぐらいになることはざらだ。だから、気体分子をはじめ、統計力学の主な対象となる多数の分子・原子を相手にしているときは、常に**「確率分布が期待値のまわりで鋭くピークを持つ」**ことが保証されていて、この性質を積極的に使っていくことができる。ここに統計力学の本質がある。

1.7　不可逆過程…覆水盆に返らず

　これで統計力学の基本的な考え方は説明し終わったが、あと一つだけ統計力学の重要な概念を導入してこの章を終わることにしよう。それは**不可逆過程**と呼ばれる現象である。別名 (?)「**覆水盆に返らず**」現象だ。ここではやはり例として、容器内の気体について考えよう。中央を壁で仕切られた容器を

(a) 時刻 $t = 0$　　　　　　(b) 十分時間がたった後

不可逆過程

真ん中の仕切りをとる

容器全体に気体が広がる

図 1.15 気体の自由膨張

不可逆過程

インクを垂らした直後　　　しばらく時間がたった後

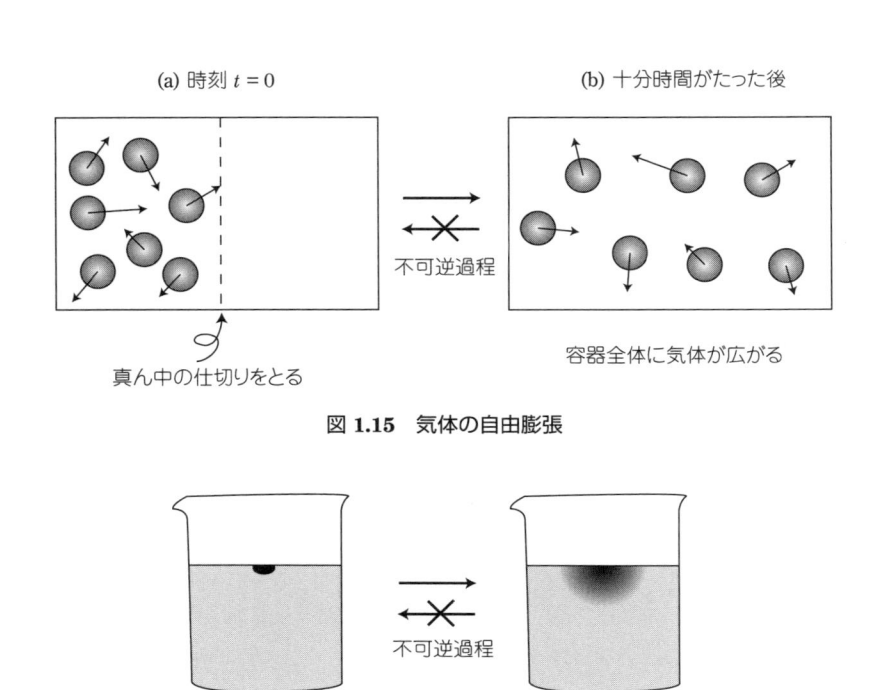

図 1.16 不可逆過程の例

考え、はじめに容器の左半分には N 個の気体分子を封入しておき、右半分は真空にしておく。次に中央の壁をすばやく取り去ると (図 1.15(a))、気体分子は右半分にもすばやく広がり最後には気体は容器全体を占めるようになる (図 1.15(b))。この気体の自由膨張は、不可逆過程になっている。すなわち、壁を取り去った後、気体が容器全体に広がることはおきるが、逆の過程 (容器全体に広がっていた気体が自動的に容器の左半分に集まること) は観測されない。

世の中にはこの他にも、実に多くの不可逆過程が存在する。例えば、コップに水を注いで、そこにインクを一滴垂らしたとしよう (図 1.16)。インクは徐々にコップの水全体に広がっていくが、逆に一度広がったインクが一カ所にもどってくるようなことは起きない。このような「行くことはできるが、帰

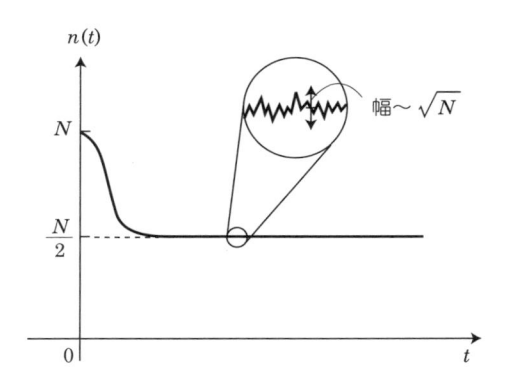

図 1.17 気体の自由膨張過程での $n(t)$ の時間変化

ることはできない一方通行の物理現象」は身のまわりでよく見られる現象である。

　この不可逆過程を、統計力学の視点から理解してみよう。さきほどの容器に封入された気体の例で、中央の壁を取り去る時刻 $t = 0$ とし、その後、容器の左半分にいる分子の数 $n(t)$ を時刻 t の関数として考えると、そのグラフはおよそ図 1.17 のようになる (N は十分大きいとする)。時刻 $t = 0$ で壁を取り去ってしまったあとは、気体はすぐに容器の右半分に広がっていくので、$n(t)$ はすばやく減少するが、気体が容器全体に広がり $n(t)$ が $N/2$ に近くなると、$n(t)$ はほぼ一定となって、時間的に変動しなくなる。このときに何が起こったか？　中央の壁を取り去った直後は、はじめの分子はすべて左側に配置しているが、これは壁のない容器に封入された気体の状態としては、とても「特異な (まれな)」配置である。気体分子は壁や他の分子と衝突を起こしながら、容器全体に広がっていくが、気体分子が容器全体にまんべんなく広がった配置のほうが、容器内の気体の状態としてはより**「普通」**の配置なのである。これは確率分布を使うともっと定量的にいうことができる。確率分布を使っていうと、「初期配置に対する確率分布の値 P_N」よりも「分子が左右半々に振り分けられたときの確率分布の値 $P_{N/2}$」のほうが格段に大きい ($P_N \ll P_{N/2}$) のである (図 1.14 の確率分布を参照)。これが不可逆過程が生じる原因となる。

もっとちゃんと理解するために、十分に時間がたって容器全体に気体分子が行き渡り、$n(t)$ が $N/2$ に近い値をとっているときを考えよう。実はこのときも、$n(t)$ は完全に一定ではなく、期待値の $N/2$ のまわりで標準偏差 $\sigma(n) = \sqrt{N}/2$ 程度わずかに揺らいでいる。しかしすでに述べたように、N が十分大きいときには、期待値 $N/2$ に比べて標準偏差 $\sigma(n) = \sqrt{N}/2$ は非常に小さくなる。よってグラフの上では、顕微鏡で相当拡大してやらない限り、この揺らぎはわからない (図 1.17 参照)。よって気体は見かけ上、時間によって変化しなくなる。この状態を「**熱平衡状態**」と呼ぶ。

　熱平衡状態において、$n(t)$ の値が期待値から標準偏差よりも大きく変化することはないことに注意しよう。なぜなら期待値 $N/2$ から標準偏差 $\sigma(n)$ よりも何倍以上も離れたところで、確率分布の値はとても小さくなってしまうからである。どれぐらい小さいか？　極端な例として、すべての気体分子が容器の左半分に集まってしまう確率を考えると、$N = 10^{20}$ として、$(1/2)^N = (1/2)^{10^{20}}$ であり、これはとんでもなく小さい。サルがでたらめにタイプライターを打って、1000 万文字の英語でかかれたシェークスピアの戯曲ができあがってしまう確率 $(1/26)^{10^8}$ よりも小さいのだ (二つの確率の対数をとって比較すればわかる)。まあ逆にいうと、気体中にこれだけの分子がいるおかげで、「この教室の気体分子があるときすべて教室の左半分に集中してしまい、右半分に座っていた学生が窒息する」という事態が起きないのである。

1.8 　不可逆過程をつくりだすもの…ボルツマンのH定理

　さて、ここまで説明してきた不可逆過程であるが、ここで起こっていることを数式を使ってもっとつっこんで議論することができる。ただ計算は少しややこしいし、この先の講義では全く使わないから、ここで直ちに理解できなくても心配無用だ (ただし、一つだけ近似公式を覚えていってもらう必要がある)。まぁ、気楽に聞いてほしい。

　気体の自由膨張の例で「気体が容器全体に広がる現象」が不可逆現象であり、それは「確率がより大きくなる方向に状態が移り変わる」と考えることで

理解できることを述べた。しかし、ここで考えた確率分布は、「一つの分子が左にある確率が 1/2、右にある確率が 1/2」という風にして決めた二項分布確率である。この確率を決める際に、どこにも「左に片寄っていた空気の濃度がだんだん容器に広がっていく」とかいったような時間的な変化は考えられていないのだ。このような「場合の数で決めた確率」でも不可逆過程の方向ぐらいであれば十分に利用できるが、実際に気体が容器全体に広がっていく過程それ自体を理解するにはいささか不十分である。

　この問題に真っ正面から取り組んだのがボルツマンである。ボルツマンはいくつかの仮定から、**ボルツマンの H 定理**と呼ばれる興味深い定理を見いだした。気体の自由膨張の例でボルツマンの H 定理を示してみよう。

　数式を簡単にするために、容器の左側にいる分子の数を n ではなく n_A とかき、右側にいる分子の数を n_B とかくことにしよう。もちろん全分子数 $N = n_A + n_B$ は一定である。$n \to n_A$ および $N - n \to n_B$ という置き換えをすることで、左側に n_A 個の分子がいる確率 P は

$$P = {}_N C_{n_A} \left(\frac{1}{2}\right)^{n_A} \left(\frac{1}{2}\right)^{n_B} = \frac{N!}{n_A! n_B!} \left(\frac{1}{2}\right)^N$$

となる。この対数を計算してみると、

$$\log P = \log N! - N \log 2 - \log n_A! - \log n_B!$$

となる。

　さて、ここで計算が止まってしまうように見えるが、N や n_A, n_B が 1 に比べて十分大きいときに使える、次のような近似公式がある。

> **スターリングの近似公式**　　$\log N! \approx N \log N - N$　　$(N \gg 1)$

　ここで ≈ という記号は、近似等式の意味である。高校までに用いられてきた ≒ という記号は世界で全く用いられないので、早めに ≈ の記号に**改宗**しておこう。スターリング公式の証明は、数学的にきちんと証明することができるが、長くなるのでここでは「いいかげん法」で済ましてしまおう。まず、対

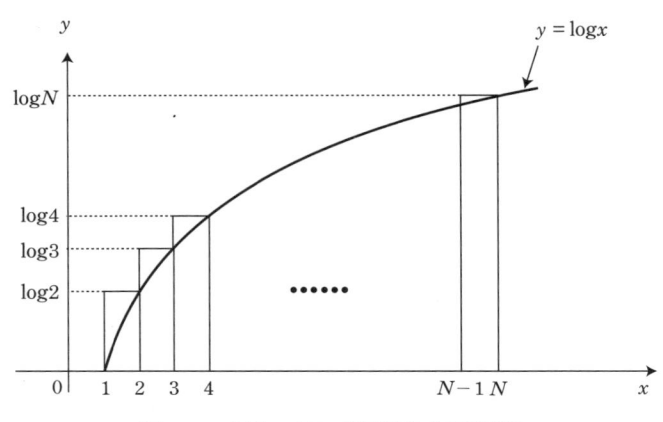

図 1.18 スターリング近似公式の導出法

数の性質から

$$\log N! = \log 1 + \log 2 + \log 3 + \cdots + \log N$$

と和に分解できる。次にこの和をグラフ上で表現してみよう。図 1.18 の図のように $y = \log x$ のグラフをかき、$x = 1, 2, 3, \cdots, N$ で縦に線を引いて、横の長さ 1、縦の長さ $\log n$ の長方形を作っていく。これらの長方形の和は、$\log 2 + \log 3 + \cdots + \log N$ であり、$\log 1 = 0$ に注意すれば、求めたい対数の和になっている。さて、この長方形の和であるが、$y = \log x$ のグラフから出っ張った部分 (図 1.18 参照) を無視してしまえば、$y = \log x$ のグラフと x 軸、$x = N$ で挟まれた図形の体積に近似的に等しくなるであろう。これは定積分を使って計算できて、

$$\log N! \approx \int_1^N \log x \, dx = \Big[x \log x - x\Big]_1^N = N \log N - N + 1$$
$$\approx N \log N - N$$

となり、スターリングの近似公式を得る (最後の等式では N が 1 より十分大きいので 1 を無視した)。この近似式は、$\log N$ 程度の誤差があることが知られているが、これは例えば $N = 10^{23}$ であれば $\log N = 23 \log 10 \approx 53$ であるか

ら、N と比べて十分に無視できる量である。この近似公式だけは、あとの章でも何回も使うのでちゃんと覚えていってほしい。

さて、さきほどの確率分布の表式 $\log P = \log N! - N\log 2 - \log n_A! - \log n_B!$ に、スターリングの近似公式を代入すると、

$$\log P \approx N\log N - N - N\log 2 - n_A \log n_A + n_A - n_B \log n_B + n_B$$
$$= N\log N - N\log 2 - n_A \log n_A - n_B \log n_B$$

まで近似計算できる(最後の等式で $n_A + n_B = N$ を用いた)。ここで N は定数だから、$\log P$ の表式のうち、左右の気体の分子数 n_A, n_B に依存するのは、最後の二項だけだ。この部分だけ抜き出して、

$$H = n_A \log n_A + n_B \log n_B$$

と H 関数と呼ばれる関数を定義する(つまり $\log P = (定数) - H$)。

次に、左右の分子数 n_A, n_B は時間の関数であると見なす。左右の分子数は、分子が容器の中央を通過するたびに ±1 だけ変化していくが、分子数 n_A, n_B が十分大きければ分子数の変化は連続的であると考えてよい。このとき、単位時間あたりの分子数の変化は、$X =$(単位時間あたりに容器の左側から右側にいく分子数)、$Y =$(単位時間あたりに容器の右側から左側にいく分子数) とすると、

$$\frac{dn_A}{dt} = -X + Y, \quad \frac{dn_B}{dt} = X - Y$$

となる。この式は、$n_A(t), n_B(t)$ についての微分方程式となっているが、その意味は簡単だ。X は左から右にいく単位時間あたりの粒子数なので、n_A を減らし、n_B を増やす役割がある。Y はその逆だ。ここで X や Y の具体的な中身はわからなくてもよい(ただし、後で一つだけ条件をつける)。

さて、これで準備が整った。ボルツマンの H 関数も時刻の関数であると見なし、時刻 t で微分してみると、積の微分公式と対数の微分公式、合成関数の微分公式などを使って、

$$\frac{dH}{dt} = \frac{d}{dt}(n_A \log n_A + n_B \log n_B)$$
$$= \frac{dn_A}{dt}\log n_A + \frac{n_A}{n_A}\frac{dn_A}{dt} + \frac{dn_B}{dt}\log n_B + \frac{n_B}{n_B}\frac{dn_B}{dt}$$

$$= \frac{dn_A}{dt}\log n_A + \frac{dn_B}{dt}\log n_B$$

と計算される。最後の等式で $n_A(t)+n_B(t) = N = $ (一定) から $dn_A/dt + dn_B/dt = 0$ であることを使った。さらにさきほどの微分方程式を用いると、

$$\frac{dH}{dt} = -(X - Y)(\log n_A - \log n_B)$$

とまとめられる。さてここで、一つだけ条件を付け加えよう。
「左側の分子のほうが右側の分子より多かったら $(n_A > n_B)$、左から右にいく分子の数の方が、右から左にいく分子の数より大きくなる $(X > Y)$。また逆の場合も成り立つ $(n_A < n_B$ なら $X < Y)$」
これは、左右で濃度が違うときは、濃度が大きい方から小さい方に移動する分子が多くなるということを意味していて、自然な仮定といえるだろう。この仮定さえ認めてもらえば、さきほど求めた dH/dt の式をじっと眺めると、この条件下で必ず $dH/dt \leq 0$ がいえることがすぐにわかるだろう。$\log n_A > \log n_B$ のときは、$X > Y$ なので、(式の右辺)$= -(X - Y)(\log n_A - \log n_B)$ は負になる。逆の場合も右辺は負になる。$n_A = n_B$ のときのみ、右辺が 0 になることがわかる。これより関数 H は時間とともに減少する関数であることがわかる！
さらにもとにもどれば、$\log P = $ (一定値) $- H$ であったから、確率分布の値 P は時間とともに増加することになる！　すなわち、左の容器に封入されていた気体が、中央の壁をとりさったあと容器全体に広がるとき、徐々に確率 P は増えていくことになる。これは、はじめ「左の容器内に分子がすべて集まっている」という特異でほとんど実現されない状態から、「左右にまんべんなく分子が広がっている」という普通に見られる状態に、時間的に徐々に遷移していっていることを意味するのだ。

　ここまで気体の自由膨張について「確率が徐々に大きくなっていく」ということを証明してきたが、これは別の有名な法則とも関係している。途中で出てきた二項分布であるが、$P_n = {}_NC_n/2^N$ とまとめることができる。2^N は定数だから n が変わったときの P_n の変化を議論したいだけであれば、P_n の代わりに、容器の左右に分子を n 個と $N-n$ 個に振り分ける場合の数 $W = {}_NC_n = N!/n_A!n_B!$ を考えてもいい。この W を状態数と呼ぶことにしよ

う。状態数の対数にボルツマン定数 k_B をかけた $S = k_B \log W$ が、熱力学で学んだ**エントロピー**と全く同じ性質を持つことがわかる(詳しくは次の章で説明する)。ところで、このエントロピーはスターリング公式を使っていくと、

$$S = k_B \log W = k_B(N \log N - H)$$

という風にボルツマンの H 関数と対応している。H が時刻とともに減少していくことは、実は「**エントロピー増大則**」に対応しているのだ!

　ただ、ちょっとだけ注意をしておこう。実は気体の自由膨張過程の途中は熱平衡状態にはないので、ここで定義したエントロピーは次の章以降で出てくる熱平衡状態のエントロピーとは少し異なる。今の議論で出てきたエントロピーは「粗視化されたエントロピー」と呼ばれるものである。両者は似たような量だと思っておいていいが、今ここでやっている議論は熱平衡状態ではないことを十分に注意しておく必要がある。

　さて、最後にはエントロピー増大則まで到達してしまった。なんともすばらしい議論だと思わないか? でも実は途中の議論には何カ所か危ない橋がある。ボルツマンはせっかく H 定理という美しい結果を発表したにもかかわらず、発表当時は他の多くの物理学者から非難を浴びてしまった。そしてその結果、ボルツマンは精神を病んでしまい、最後は自殺してしまうのである。どこが危ないかは話すと長いので、興味があれば授業後につかまえて聞いてくれ。じゃあ、今日の授業はこれでおしまい!

おもしろゼミナール

　新学期が始まってしばらくがたち、ようやく卒業研究で配属となった研究室に慣れてきた。今日も学生部屋で授業の復習をしていたら、助教がやってきた。
助教　そろそろ3時のおやつにしませんか。
奈々子さん　わーい。
　この研究室では毎日3時になると、ぞろぞろと先生・助教と研究室の学生がお茶部屋に集まり、みんなが好き勝手にコーヒーやお茶を飲んだり、誰かが差し入れたお土産をつまんだりすることになっている。一見するとなごやかな雰囲

気であるが、よく見るとみんな実にマイペースに勝手にやっている。この研究室の人々は、とてもまとまりがある集団とは言いがたい感じだ。

奈々子さん 物理をやっている人って、いつもこんな感じにマイペースなんですか？

先生 そうだねぇ。基本的に自主自立というか、人のいうことをあんまり聞かんね。ガリレイの時代から、物理学者は権威に反抗してるから、反骨精神みたいなもんは伝統的にあるかも知れない。これまで信じられてきたことについても、**「先入観をもたずにまずは疑ってかかる」**という習慣が物理学者にはあるのかも知れないね。

助教 たしかに、ちゃんと一から考えようとする物理学者は多いかもしれませんね。

奈々子さん ところで先生、今日の授業でやったボルツマンの H 定理なんですが、最後に「危ない場所がある」とおっしゃっていましたが、どこなんですか？ ちゃんと数学的に示されているように見えるけど。

先生 授業でいったように、ボルツマンが H 定理を発表したあとに他の物理学者から強い批判があったんじゃ。それを説明すれば、証明の危なさがわかると思うぞ。さて、批判のうちで一番わかりやすいのは、**時間反転対称性**だな。

奈々子さん 時間反転対称性って？

先生 例えば、太陽系の惑星の運動を考えてみよう。太陽のまわりを惑星が動いていく運動だが、これはニュートンの運動方程式の解になっている。これをどこか遠くからビデオでとっておいたとする。次に、これをテレビで逆さ回しに映したとする。惑星の運行の仕方だけから、「このビデオは逆さ回しだ」とわかるだろうか？ ……わからないんだよ。実は時間をさかのぼるような運動、つまり「逆さ回しの運動」もニュートン方程式の解になっていて、ありえる運動なんだ。同じように気体内の分子も運動方程式に従っている限り、逆さ回しの運動も解になっている。

奈々子さん あ、わかりました。ということは、分子の運動でも、ニュートン方程式に従っている限り、H が減少するような分子の運動があれば、それを逆さ回しにした分子の運動も常に可能で、この逆さ回しの運動は必ず H を増加させてしまうんですね。

先生 ご名答。

奈々子さん うーん。でもまだボルツマンのいいたいことがわかるんですけど。例えば、お茶碗を割ってしまったとき、陶器の破片の運動って逆さ回ししたら一発でわかりますよ。

先生 いや、その通りだ。不可逆過程は確かに存在するし、そこでビデオをとって逆さ回しに写したら、すぐにわかる。今の気体の例だって、容器の左側から気体が広がっていくことはあっても、その逆は起きない。よって、ボルツマンの H 定理の証明では、あるところで時間の向きを決めてしまう仮定が入ってしまっているはずだね。その「時間の矢」がどこで決まってしまったのか、そしてそれが妥当なものかどうかが、当時問題になったんだ。

奈々子さん えーと、$n_A > n_B$ のとき $X > Y$ の仮定が問題なのかな？

先生 そうなんだが、この例では簡単すぎてちゃんと説明するのが難しい。ボルツマンは一つの気体分子についてのすべての情報 (位置と速度) について確率分布をたてるんだ。そして力学法則に従って、分布がどのように変化するのかを追いかける。ここまでは「力学」でやろうとしているのに、ある一番重要なところで**「確率的な要素」**が入ることが問題なんだ。ボルツマンは、「分子と分子の衝突の仕方が完全にランダムである」という仮定を置くんだが、これが不可逆性を生み出す原因になるんだ。発表当時はこの仮定が懐疑の目で見られていたようだ。

奈々子さん じゃあ、ボルツマンの H 定理は、あんまり使われていないの？

先生 そんなこともない。ボルツマンの H 定理の枠組みを、もっと便利な形に拡張したものがあって、ボルツマン方程式と呼ばれている。これは、はじめにいったように「場合の数としての確率」と「時間によって変化していく確率」の二つをうまく融合した方程式なんだ。とても便利で、例えば気体の流れの解析とか、金属の電気伝導の計算などでよく使われている。実用的なんだ。ボルツマンに対する当時の批判は、今となってはかなり形而上学(けいじじょうがく)に近いものだね。

奈々子さん そうなんだ。自殺することなかったのにね。

先生 何ごとも、時代に先駆けて独創的な仕事をすると、強い批判を浴びてしまうんだよ。さて、なんかお茶が飲みたくなってきたな。お、ちょうど急須に

お茶が入っているようだ。これをいただこう。

  先生は急須の中にはいっているものを、自分の湯飲みに注いだ。

助教 あっ。

先生 （湯飲みから一気に飲み込む）ぶほ。なんじゃこれは。すごく苦い！あ、よく見るとずいぶん黒いじゃないか。誰だ、こんなの入れたのは。

助教 学生が急須でインスタントコーヒーをつくったんですよ。

先生 なぜ急須でつくるんじゃ！

助教 それもそうですが、それより先生。物理学者は「これまで信じられてきたことについても、先入観をもたずにまずは疑ってかかる」んじゃなかったんですか？　先生も、「急須にお茶が入っているものだ」という先入観を疑うべきだったんじゃないですか。

先生 うっ。

ボルツマン (**1844-1906**)

第2章

温度を定義しよう

いよいよ統計力学の本題に入ることにしよう。まずこの章では、温度の定義を行おう。統計力学ではまず先にエントロピーを定義し、そのあとで温度を定義することになる。熱力学では先に温度がでてきて、あとでエントロピーを定義するので、順番が逆になっていることに注意してほしい。まずは温度とはどういうものかをざっと説明し、そのあとにエントロピーの定義を行って (ステップ 1)、温度の定義へと進む (ステップ 2) ことにしよう。

2.1 温度の定義をめぐる話

温度はもちろん現実に存在する「何か」を量として表したもので、「加速度」とか「力」のようにちゃんと物理的に定義されるべきものである。しかし、もともと「熱い」「冷たい」などのような人間の感覚でも感知できるものでありながら、**その正体がよくわからない量**でもある。諸君は温度をどのように測っているだろうか。例えば、理科の実験では、アルコール温度計や水銀温度計などで指し示される温度を見て「温度を測った」といっているわけだが、これらの温度計は一体何を見ているのかというと、「アルコールの体積」とか「水銀の体積」なのである。これが温度を定量化するのにある程度都合のよいものであることはわかるが、では「液体の体積」を温度の定義として本当にいいものだろうか。

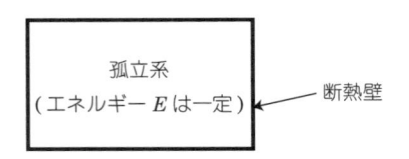

図 2.1　外界とエネルギー (熱) のやりとりをしない系=孤立系

　ここでの「温度の定義」の問題は、力学で速度を定義しようとしているときと状況が似ているな。車の速度はどのように定義するか？「車の速度メタを見ればわかります」というのが全く答えになっていないのはわかるだろう。速度の本当の定義は、「単位時間あたりの物体の位置の変化の割合＝位置の導関数」と数学的に定義されるものである。これと今の問題は似ているんだ。「温度はアルコールの体積で測れます」というのはいいのだが、「温度はアルコールの体積で定義されます」というのは納得しにくいのではないか？もっと普遍的で**「温度の本質」**をきちんと切り出した定義があるべきだろう。

　諸君は熱力学の授業で、「温度」について詳しく学んでいるはずだが、熱力学でも温度は天下りで導入されるのが普通である。だから、熱力学の教科書を一生懸命見直しても、「温度の定義」についてあまり得るものがないはずだ。そこで統計力学の出番だ。統計力学での温度の定義は非常に明快である。統計力学における温度の定義を見ると、**「温度とはなんなのか」**という問いにわかりやすい答えを与えるのだ。すでに述べたように、統計力学では先にエントロピーを定義してから (ステップ 1)、温度の満たすべき性質を満たすように温度を定義する (ステップ 2)。これらを順に説明していこう。

2.2　エントロピーの定義 (ステップ 1)

　この節では、エントロピーの定義を考えよう。熱力学の授業でトラウマを負ってしまった人は、「エントロピー」という言葉を聞いただけで嫌になるかも知れないが、恐れることはない。統計力学でのエントロピーの定義は、熱力学のときに比べてずっとわかりやすいものだ。**「エントロピーは熱力学の**

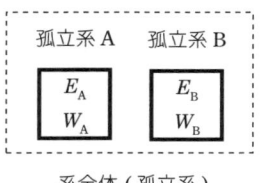

```
    孤立系 A    孤立系 B
    ┌─────┐  ┌─────┐
    │ $E_A$ │  │ $E_B$ │
    │ $W_A$ │  │ $W_B$ │
    └─────┘  └─────┘

   系全体 (孤立系)
   状態数 $W = W_A \times W_B$
```

図 2.2 二つの系を合成したときの状態数の勘定の仕方

授業ではよくわからなかったけど、統計力学の授業になったらよくわかった」という人はたくさんいる。だから、あまり恐れずについてきてほしい。

　この節では外部と粒子やエネルギーのやりとりを行わない物理系を考える。このような系を**「孤立系」**という。具体的にいえば「断熱壁で覆われた容器の中に封入された物質系」は孤立系である (図 2.1)。孤立系では外界とエネルギーをやりとりしないので、孤立系のエネルギー E は必ず保存される。系全体のエネルギー E が与えられたとしても、孤立系はいろいろな状態を取り得る。例えば、断熱容器に封入された気体を考えると、気体の全エネルギーは保存するが、全エネルギー一定という条件のもとで気体分子はいろいろな位置や速度を持つ。このように、エネルギー E が一定のもとで、物理系が取り得る状態の数を状態数と呼び、W と表す。もちろん W はエネルギー E の関数であり、それを強調するときは $W(E)$ とかく。

　状態数 W の簡単なイメージとしては、第 1 章ででてきた気体の自由膨張の例を思い浮かべるとよい。第 1 章で N 個の分子を容器の左右に振り分ける場合の数 W を計算したが、これは気体分子の位置を「右」にあるか「左」にあるかで状態を大まかに区別したときに計算される場合の数に他ならない。もちろん、容器を左右に分けるだけでは分子の状態を勘定するのに不十分である。「容器の左右」のようなおおざっぱな状態の分類ではなく、すべての分子の状態 (位置・速度) をもっと正確に考えて、状態の数を勘定しないといけない。具体的な計算はあとで見ることにして、今は状態数 $W(E)$ がうまく計算できたとして話を進めよう。

次に**エントロピー**を定義しよう。エントロピーの定義は何でもいいわけではない。熱力学で知られているエントロピーと同じ振る舞いをするように定義する必要がある。とくに、エントロピーの持つべき性質として重要なのは**「エントロピーの加法性」**である。これをまず説明しよう。図 2.2 のように二つの独立した孤立系 A, B を考えよう。それぞれのエネルギー E_A, E_B は一定であり、そのエネルギーのもとで状態数が W_A, W_B と計算されるとする。この二つの孤立系をまとめて、一つの孤立系と見なしてみよう。そうすると、この大きな孤立系の状態数は $W = W_A W_B$ と計算される。なに簡単だ。例えば系 A が 5 通りの、系 B が 3 通りの状態を取り得るとすると、高校で習う「場合の数」と同じく全体としては $W = 5 \times 3 = 15$ 通りの状態があるからだ。このように二つの孤立系を合体させた系の状態数は、おのおのの系の状態数の「積」となる。

さて、すでに系の「状態数」はその状態の実現確率に比例することを第 1 章で見てきた。不可逆過程で状態数が増える過程は、実現確率が増加する過程として捉えることができる。一方、熱力学で「不可逆過程ではエントロピーが増加する」ということを学んだ覚えはあるだろう。「実現確率」もしくは「状態数」と「エントロピー」の間に何かしらの関係を期待するのは自然なことだ。ただ、単純に「状態数」を「エントロピー」と見なすことはできない。熱力学では、系全体のエントロピーは個々のエントロピーの和であったことを思いだそう。つまり $S = S_A + S_B$ が成立しないといけない。これがエントロピーの加法性である。状態数 W をエントロピーとそのまま同一視すると、エントロピーの加法性を満たせなくなるのでダメなのだ ($W = W_A W_B$)。でもちょっと考えると、**「状態数の対数ならうまくいく」**ということにすぐに気がつくだろう。$W = W_A W_B$ の両辺の対数をとると、$\log W = \log W_A + \log W_B$ となる。だから全系のエントロピーを $S = \log W$、それぞれの系のエントロピーを $S_A = \log W_A, S_B = \log W_B$ と定義すれば、確かに $S = S_A + S_B$ が成立してうまくいきそうだ。しかし残念ながら、この定義では熱力学で定義されたエントロピーと定性的には一致するが、定量的には一致しない。熱力学で使われるエントロピーと定量的に一致させるためには、**ボルツマン定数** k_B と呼ばれる定数を掛けておく必要がある。ボルツマン定数 k_B は、気体の状態方程式にで

てくる気体定数 $R = 8.31\text{J/K·mol}$ をアボガドロ数 $N_A = 6.02 \times 10^{23}$ で割ったものである。k_B を使ってエントロピーは次のように定義される。

> **エントロピーの定義** $S = k_B \log W$

この公式は統計力学ででてくる最初の重要な公式だ。よく覚えておこう。もちろん k_B を掛けても、エントロピーの加法性 ($S = S_1 + S_2$) はちゃんと成り立つから安心だ。あとは、こうして定義したエントロピーが、熱力学で使われるエントロピーと本当に一致するかどうかが問題だが、その確認は後回しにしておこう。

ここでやったエントロピーの定義は、不可逆過程における「エントロピー増大則」が「取り得る状態数の増大 (=実現確率の増大)」に直結しているので、熱力学に比べてずっとわかりやすい意味を持っているのがミソだ。状態数 W は後で具体例で計算してみることにするが、ある程度練習すれば誰でも計算できる。状態数 W さえ求められれば、エントロピーは公式 $S = k_B \log W$ からすぐに求められるのだ。熱力学にくらべて、ずっと理解しやすいと思わないかい？

温度の定義にいくまえに、多くの物理系で状態数 $W(E)$ が満たすべき性質をまとめておこう。

> **状態数 W のエネルギー依存性** 系の粒子数 N が十分大きければ、状態数 $W(E)$ はエネルギー E の急激な増大関数になっている。

これは実際に計算してみなければわからない性質である (あとで具体的に計算してみる) が、ほぼすべての物理系で成り立つ。気体分子の例でいえば、すべての分子の運動エネルギーの和が E であるが、E が大きければ大きいほど、各分子への運動エネルギーの分配の仕方に自由度が増えてくる。その結果、E が大きくなると状態数 W は急激に増えるのだ。この性質は、温度を定義するときに重要になってくる。

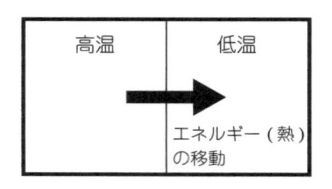

図 2.3　エネルギー (熱) の移動の方向

2.3　温度の定義 (ステップ 2)

次は**温度**を定義してみよう。もちろん、温度もどのように定義してもいいわけではない。温度の持つべき性質をすべて満たすように、うまく定義してやる必要がある。温度の満たすべき性質はいろいろとあるが、今から行う議論で最も重要となる性質は次の一点である。

> **熱の移動方向**　温度の異なる二つの系を接触させて、エネルギー (熱) のやりとりを許すと、エネルギー (熱) は必ず高温から低温へと移動し、温度が等しくなったところでそれ以上変化しない状態 (熱平衡状態) となる。

これに異を唱える人はいないだろう。コンビニで暖めたお弁当と冷たいお茶を一緒に袋にいれてしまうと、弁当は冷め、お茶はぬるくなるということだ。これは日常生活でも実感する「温度の満たすべき性質」であろう。具体的な例として、温度の異なる気体が封入された二つの容器を考えよう (図 2.3)。容器の体積は一定であるとする。二つの容器を接触させると高温側から低温側に熱が移動する。熱の移動によって高温の気体の内部エネルギーは減少し、低温の気体の内部エネルギーは増加する (熱力学の第一法則)。すなわち、二つの気体の間でエネルギーの移動が生じることになる。またこの過程が不可逆過程であることに注意しよう。逆のことは起きないのだ。暖かい弁当と冷たいお茶を一緒にしたときに、弁当がさらに熱く、お茶がさらに冷たくなる、

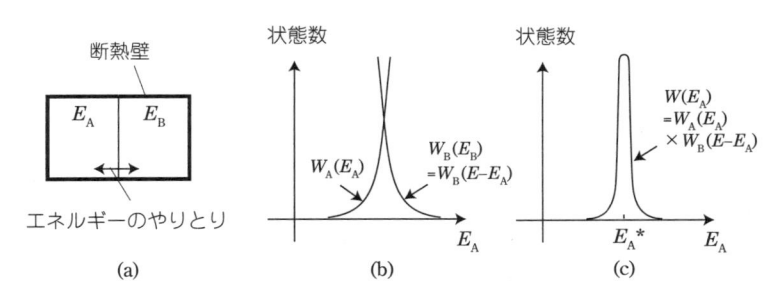

図 2.4 (a) エネルギーのやりとり、(b) 系 A, 系 B の状態数のグラフ、(c) 全系の状態数のグラフ

ということを見たことはないだろう？ 熱は常に「温度の高いほうから低い方へ」と移動するのである。

　この温度の性質を使って、温度を定義しよう。まず物質を二つ用意し、それぞれ系 A, 系 B と名前をつけ、系 A と系 B を接触させて熱のやりとりを許すことにする (図 2.4(a))。熱のやりとりによって、系 A, 系 B それぞれのエネルギーは変化する。ただし、系全体は断熱壁によって囲まれているとし、系 A, 系 B はともに外界とエネルギーのやりとりを行わないものをする。このとき、系 A, 系 B のエネルギーを E_A, E_B と置くと、全エネルギー $E = E_A + E_B$ は保存する。系 A, 系 B の状態数は、それぞれのエネルギーの関数として $W_A(E_A), W_B(E_B)$ と与えられているとしよう。前の節でやったように $W_A(E_A)$ は E_A が大きくなると急激に増大する (図 2.4(b))。一方、$W_B(E_B)$ も E_B が大きくなると急激に増大するが、$E_B = E - E_A$ であることに注意すると、$W_B(E_B) = W_B(E - E_A)$ は E_A が増加すると急激に減少する関数である (図 2.4(b))。

　さて、今からやりたいのは、系全体の状態数 $W(E_A) = W_A(E_A) \times W_B(E - E_A)$ の勘定である。これは、図 2.4(b) にかいてある状態数 W_A, W_B のグラフを掛け合わしたものである。E_A を増やしたときに、W_A は急激に増大し、W_B は急激に減少するので、全系の状態数 $W(= W_A \times W_B)$ を E_A の関数としてグラフにすると、図 2.4(c) のように $0 < E_A < E$ の間のどこかで非常に鋭いピークを

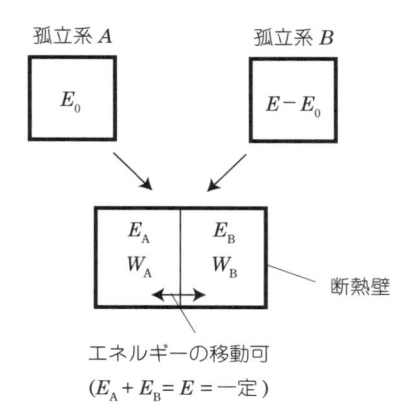

```
孤立系 A            孤立系 B
  ┌─────┐          ┌─────────┐
  │ E_0 │          │ E - E_0 │
  └─────┘          └─────────┘
      ↘              ↙
       ┌─────┬─────┐
       │ E_A │ E_B │
       │ W_A │ W_B │────── 断熱壁
       └─────┴─────┘
          ←→
       エネルギーの移動可
      ($E_A + E_B = E = $ 一定)
```

図 2.5　二つの系を接触させる

持つ。このピークの位置を $E_A = E_A^*$ と置くことにする。

　さて、元の設定にもどって考えてみよう。はじめに系 A と系 B を離して置いておく。系 A, B は孤立系であるとすると、それぞれの系のエネルギーは保存している。はじめに系 A が持っているエネルギーを E_0、系 B が持っているエネルギーを $E - E_0$ としよう。次に、系 A と系 B を接触させる (図 2.5)。このとき、系 A と系 B の間にエネルギーのやりとりは許されるが、全エネルギー E は一定であるとする。さあ、何が起こるだろうか。

　系 A と系 B をまとめた全系の状態数 W を、系 A のエネルギー E_A の関数としてかいたグラフをもう一度かいてみる (図 2.6)。本当は非常に鋭いピークを持っているのだが、そうかいてしまうとわかりにくいので、この図ではピークの幅をわざと大きめにかいてある。はじめの系 A のエネルギーが $E_A = E_0$ であったとし、これがピークの位置 E_A^* よりも左側 ($E_0 < E_A^*$) にあったとしよう。何が起こるか？　はじめに系 A が持っているエネルギーは E_0 であるが、系 B とエネルギーのやりとりが許されるので、E_A の値は E_0 から変化することができる。このとき、系全体の状態数 W が増える方向に E_A が変化するはずだ。なぜなら、第 1 章でやったように状態数が大きい方が実現確率が大きいからである。しかも実際には実現確率は急激に増大するから (図 2.6 はピー

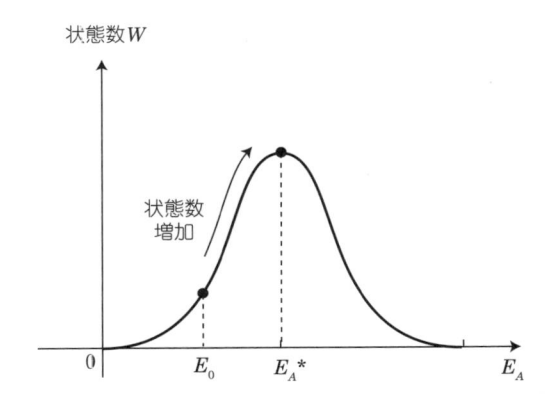

図 2.6 状態数が増大する方向にエネルギーが変化する

クの幅をかなり広くかいてあることに注意)、この過程は実質的に不可逆過程になっているのだ。今、$E_0 < E_A^*$ であれば、状態数 W が大きいほうに、つまり系 A のエネルギーは E_0 から増加する方向に変化する。その結果、時間がたつにつれて、系 A のエネルギー E_A が増加していき、一方、系 B のエネルギー E_B が減少していくことになる。そして最後には、系 A が E_A^*、系 B が $E_B^* = E - E_A^*$ のエネルギーを持つようになったときに、それ以上変化しなくなる。

さて、温度の定義にとっかかろう。まず状態数が最大となる位置 E_A^* から考えよう。このときは、それ以上熱の移動が起こらない状態 (熱平衡状態) が実現されており、系 A と系 B の温度は等しくなっているはずだ。系全体の状態数 $W = W_A W_B$ が最大になる場所を考えるが、状態数 W を最大化する代わりに、全系のエントロピー

$$S = k_B \log W$$

を最大化してもいいはずだ ($\log W$ は W の単調増加関数だから)。ここに $W = W_A W_B$ を代入して少し計算すると、

$$S = k_B \log W = k_A \log W_A + k_B \log W_B = S_A + S_B$$

となって、さきほどやった「全系のエントロピーは、各系のエントロピーの和」が確かめられる。状態数が最大となる場所では、全系のエントロピーも最大になる。よって、エントロピーが極大となる条件

$$\frac{dS}{dE_A} = 0$$

が成立するはずである。ここに $S = S_A + S_B$ を代入し、合成関数の微分の公式を用いて計算すると、

$$\frac{dS}{dE_A} = \frac{dS_A}{dE_A} + \frac{dS_B}{dE_A}$$
$$= \frac{dS_A}{dE_A} + \frac{dE_B}{dE_A}\frac{dS_B}{dE_B} = 0$$

となる。$E_B = E - E_A$ であり、かつ全系のエネルギー E は定数だから、$\frac{dE_B}{dE_A} = -1$ である。これを使うと、エントロピーが極大をとる条件は、

$$\frac{dS}{dE_A} = \frac{dS_A}{dE_A} - \frac{dS_B}{dE_B} = 0 \quad \Leftrightarrow \quad \frac{dS_A}{dE_A} = \frac{dS_B}{dE_B}$$

となる。ちなみにこの式は、エントロピーが最大になるときだけに成立していて、$(E_A, E_B) = (E_A^*, E_B^*)$ のときだけ成立することに注意。これを強調するために、上式を

$$\frac{dS_A}{dE_A}(E_A^*) = \frac{dS_B}{dE_B}(E_B^*)$$

とかくこともある。さて、状態数が最大になる条件はこのように得られたが、これは系 A と系 B を接触させて十分時間がたったときの平衡状態で成り立つ式になっている。よって、この式が「系 A と系 B が同じ温度になったとき」の条件式に対応しているはずだ。得られた式を見ると、両辺に現れる量が温度と深い関係にあるのではないかと期待される。そこで

$$\frac{dS_A}{dE_A} = f(T_A), \quad \frac{dS_B}{dE_B} = f(T_B)$$

と置いてみよう。ここで $f(T)$ は温度 T のみの関数であり、$f(T_A) = f(T_B)$ のとき $T_A = T_B$ が成立するような関数 (逆関数が存在する関数) である。ここで系 A, 系 B で共通の関数 $f(T)$ が割り当てられていることに注意しよう。

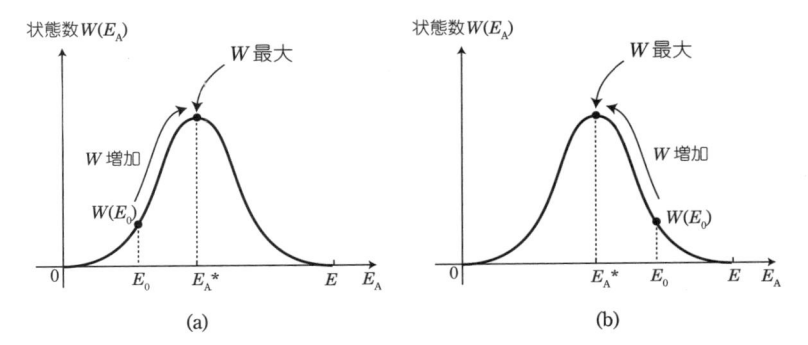

図 2.7 状態数が増大する方向: (a) $E_0 < E_A^*$ のとき (初期の温度が $T_A < T_B$ のとき) (b) $E_0 > E_A^*$ のとき (初期の温度が $T_A > T_B$ のとき)

もし違う関数が割り当てられていると、$\dfrac{dS_A}{dE_A} = \dfrac{dS_B}{dE_B}$ が成り立っていても、$T_A = T_B$ が結論できなくなってしまう。さらに以下の熱力学の第 0 法則も重要である。

> **熱力学の第 0 法則** 系 A と系 B が同じ温度にあり、かつ系 B と系 C が同じ温度にあったとき、系 A と系 C も同じ温度にある。

熱力学の第 0 法則から「物質の種類や量に依らない普遍的な関数 $f(T)$」が存在することが保証される。要するに**「温度はただ一つの実数で表される」**ことが示せるのだ。

$f(T)$ の持つべき性質について、もう少し追い詰めることが可能である。もう一度、状態数 W を系 A のエネルギー E_A の関数としてグラフをかいてみよう (図 2.7)。はじめ系 A が持っているエネルギー E_0 が E_A^* より小さいとすると、系 A と系 B を接触させた直後の状態数は図 2.7(a) のように図示される (この図でもピークの幅を実際より広くしてあることに注意)。時間がたつにつれて、状態数が増えていき、エントロピーは増大していくはずなので、図 2.7(a) のような初期エネルギー状態では、時間がたつにつれて E_A は増加して

いき十分時間がたつと E_A^* となる。その途中のエネルギー $E_A(E_0 < E_A < E_A^*)$ では、全系のエントロピー $S = k_B \log W$ も E_A の増加関数となっており、

$$\frac{dS}{dE_A} = \frac{dS_A}{dE_A} - \frac{dS_B}{dE_B} > 0 \quad \Leftrightarrow \quad \frac{dS_A}{dE_A} > \frac{dS_B}{dE_B}$$

が成り立つはずである。さて、この状況では系 A のエネルギーは増加しようとするはずなので「系 A の温度は系 B の温度より低い」はずだ。よって

$$T_A < T_B \quad \Leftrightarrow \quad \frac{dS_A}{dE_A} > \frac{dS_B}{dE_B} \quad \Leftrightarrow \quad f(T_A) > f(T_B)$$

が成り立つ。同様にして、はじめ系 A が持っているエネルギー E_0 が E_A^* より大きい場合には、状態数は図 2.7(b) のように図示される。今度は時間がたつにつれて、E_A は減少していくことで状態数 W が増加する。よって、$E_A^* < E_A < E_0$ の範囲にある場合には、

$$T_A > T_B \quad \Leftrightarrow \quad \frac{dS_A}{dE_A} < \frac{dS_B}{dE_B} \quad \Leftrightarrow \quad f(T_A) < f(T_B)$$

が成り立つ。これらの不等式が成り立つためには、

　　$f(T)$ は T の単調減少関数

でないといけないことがわかる！

　温度の基本的な性質からわかるのはここまでだ。実は $f(T)$ は、温度 T の「目盛りの振り方」に依存していて、それによっていろいろ変わりうる。$f(T)$ が T の単調減少関数でありさえすれば、どのような関数をとってきてもよいのだ。とはいえ、一番便利なのは高校のときから使っている絶対温度である。統計力学では、熱力学で一番使われる絶対温度と整合するように温度 T が定義される。それは $f(T) = 1/T$ ととるやり方である ($f(T) = 1/T$ は確かに温度の単調減少関数であることに注意)。つまり、温度は以下のように定義される。

| 温度の定義 | $\dfrac{dS}{dE} = \dfrac{1}{T}$ |

この最も簡単な定義が、熱力学で使われる絶対温度と対応する。一番わかりやすい確認方法は、このようにして定義した温度 T を使って、理想気体の状態方程式 ($PV = nRT$) を導くことである。しかし、今すぐにその計算はできないので、後の章に残しておくことにする。もう一つの確認方法は、熱力学でのエントロピーの定義を思い出すことである (熱力学を学んでいない人は、そんなもんかと読み流してほしい)。熱力学でやるエントロピーの定義は $dS = dq/T$ である。ここで dq は系に加えられる微小な熱量、dS はそれによるエントロピーの微小変化である。今、系の体積変化を考えていないので仕事を考える必要がなく、系に与えられた微小熱 dq はそのまま系のエネルギー変化 dE に一致する。よって熱力学でのエントロピー定義式は $dS = dE/T$ となるが、これを変形すれば $dS/dE = 1/T$ になり、さきほどの温度の定義と一致する。熱力学ではこの式は「エントロピーの定義」であったが、統計力学では別にエントロピーを定義したうえで、同じ式を「温度の定義」として使ってしまうのだ。

さて、ここまでは完全な一般論だ。しかし、このままでは状態数 W とかエントロピー S の具体的な中身についてはまだよく理解できないだろう。そこで次回の授業では、具体的な例を考えて、もう少し状態数 W やエントロピー S の意味合いをはっきりさせることにしよう。

おもしろゼミナール

すっかり春らしい季節となったある日、今日も研究室のメンバーは勝手気ままに 3 時のおやつをつまんでいた。

先生 実はな、先日の研究会議ですごい光景を目にしたんだ。

奈々子さん 何があったんですか?

先生 とても大きい研究会議でな。分野の大御所の先生がみな勢揃いして、広い講演会場の一番前の席にでんと構えているような、盛大な会議だったんだよ。そこで若い学生が緊張しながら研究発表をしていたんだが、最初のイントロダクションで「こんな簡単な話からはじめてすみません」ということを言う

つもりで、「これは馬の耳に念仏かもしれませんが」と言ってしまった。それを言うなら「釈迦に説法」だろう！　ほんとに、日本語は怖いな、あっはっは。

助教　それは相当緊張してたんですね。

奈々子さん　えーと、あっ。それはものすごいことをいってますね！

先生　語学は大事ということじゃな。

奈々子さん　ところで今日の授業なんですが、ずいぶん抽象的な話が続いて、大変でした。

先生　そうじゃな。具体例を挙げてもよかったんだが、一度は抽象的な議論もやっておかないといけないと思ったんだ。まぁ、次回具体的な例を見ればもう少しわかると思うよ。

奈々子さん　そうだといいのですが。ところで質問があります。エントロピーの定義のところで、$S = k_B \log W$ という式がでてきましたが、$\log W$ はわかったのですが、なぜ k_B という定数を掛けないといけないのでしょうか。それから、ボルツマン定数 k_B って、いったい何なの？

先生　うむ、その二つはほぼ同じ質問だな。実はボルツマン定数という定数はなくてもよかったんだ。

奈々子さん　？

先生　統計力学の中にボルツマン定数がでてこなくてもよかったはずなんだが、先に熱力学という学問が確立してしまっていたために、仕方なく使っているんだよ。熱力学では温度はどう定義されてたか、覚えているかね？

奈々子さん　えーと。あれ、定義してたかしら。いつの間にかでてきていたわね。

先生　その通りなんだ。温度は先に、アルコール温度計などのような温度計が先にあって、「温度とは何か」ということがはっきりわからないまま、温度を測っていたんだよ。当然、温度の単位は人間が勝手に決めたものなんだ。1℃ (1K) の温度変化とは、水の融点と沸点の間を 100 等分して決めた単位だな。すごく人工的な単位だと思わないか？

奈々子さん　そう言われてみるとそうね。

先生　物理的に理想的な温度の定義とは、$T' = k_B T$ という風にボルツマン定数を温度に掛けて得られる量なんだ。この新しい温度 T' を使うと、例えば単

原子分子気体の運動エネルギーは $\frac{3}{2}k_\mathrm{B}T = \frac{3}{2}T'$ と簡単にかけてしまう。この新しい温度 T' は「エネルギー」の単位を持つ。おおざっぱにいって、理想気体の分子が持つ運動エネルギーを使って (正確にはその 2/3 倍で) 定義してやれば、ボルツマン定数を一切使わなくても温度が定義できるんだ。

奈々子さん 言われてみれば、確かにそうね。

先生 気体の状態方程式も簡単になるぞ。気体の状態方程式は $PV = nRT$ で与えられるが、モル数の定義 $n = N/N_\mathrm{A}$ (N は分子数、N_A はアボガドロ数)と、ボルツマン定数の定義 $k_\mathrm{B} = R/N_\mathrm{A}$ を使えば、$PV = Nk_\mathrm{B}T = NT'$ と書き直せる。気体定数が消えて、すっきりした形にできるな。

奈々子さん 本当ね。今からでも温度の定義を変えればいいのに。

先生 慣れ親しんだ温度の単位を変えるのはとても抵抗があるのだろう。さて、はじめの質問だが、温度を $T' = k_\mathrm{B}T$ で定義したときは、エントロピーは $S' = \log W$ でいいんだ。理由はすぐにわかるだろう？

奈々子さん う、いきなり振らないで。えーと、温度の定義かな？ 新しく定義されたエントロピー S' から温度が $\frac{1}{T'} = \frac{\mathrm{d}S'}{\mathrm{d}E}$ と定義されるわけね。$T' = k_\mathrm{B}T$ がちゃんとでてくるには、S' を S/k_B で定義しておけばいいから、$S' = \log W$ となって k_B がなくなるでいいかしら。

先生 ご名答。ここまでくれば、ボルツマン定数 k_B の意味も明らかだろう。**人間が考えた人工的な温度 T と、本来一番自然な温度 T' の間をとりもつ、変換定数**なのだ。

奈々子さん なるほど。それにしても、温度って何なのかしら。授業でなんとなくはわかったのですが、まだピンときていないです。

先生 そうか。じゃあ一つ、たとえ話をしよう。これはわしが考えたのではなく、ファインマンという物理学者が教科書の中で使っている例だ。

奈々子さん ファインマンって知ってるわ。金庫破りとボンゴが趣味の変人物理学者ね。

先生 酷い言い方だな。これでもノーベル賞受賞者だぞ。彼が使ったたとえ話はこうだ。君が海辺で泳いでいることを考えてほしい。海から上がって、体を拭いて着替えようとしたのだが、小さいハンカチしかなかった。仕方がない

ので、それで体を拭くことにした。でも何が起こるかは、予想できるだろう？

奈々子さん　とてもじゃないけど、拭ききれないわね。

先生　結果的にはそうだが、もう少し詳しく考えてみよう。まず、ハンカチは最初乾いているとする。はじめのうちは、小さなハンカチでも体をちゃんと拭ける。体についている水滴はハンカチに移動するが、水滴はどこかに行ってしまうわけではないから、ハンカチで体を拭くにつれて、ハンカチが含む水分はどんどん多くなる。ついにはハンカチがびしょびしょになって、それ以上拭けなくなる。でも「それ以上拭けなくなる」というのは水滴の移動が全くなくなったわけではないんだ。そのようなハンカチで体を拭くと、体からハンカチに移動する水滴の量と、ハンカチから体に移動する水滴の量がほとんど同じになって、一見するとそれ以上水滴が移動しなくなるようになるんだ。このときの体とハンカチの「ぬれ具合」がほぼ等しくなっていると考えられる。

奈々子さん　なんとなくわかるわ。

先生　この「ぬれ具合」が温度に相当するんだ。それから水滴がエネルギーに相当する。「ぬれ具合が等しくなったとき、水滴の移動がなくなるように見える」が「温度が等しくなったとき、エネルギーの移動がなくなるように見える」と同じことになる。

奈々子さん　少しイメージがわくけど、やっぱりわかるようなわからないような。

先生　人類も普遍的な温度の定義を手に入れるのにずいぶん紆余曲折があったから、仕方ないかもな。あとの授業で統計力学の計算練習をするが、そのときにもう一度考えてみるといいかもしれん。さて、わしはそろそろ仕事のもどるか。

　　　先生はお茶部屋からのそのそと出て行った。

奈々子さん　ところでさっき「馬の耳に念仏」という話があったけど、日本語は難しいですね。

助教　そうですね。でも英語も難しいですよ。

奈々子さん　そうなの？

助教　この前、先生がサッカーボールで遊んでいる外国人の子供にボールをよこせと言おうとして、「プリーズキックミー」と言ってましたよ。英語も十分

高分子化合物

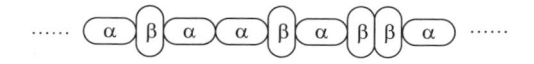

…… α β α α β α β β α ……

構成分子　α …… エネルギー 0
　　　　　β …… エネルギー ε (>0)

図 2.8 高分子化合物の分子配列

怖いですよね。

奈々子さん　！！！

2.4　具体例…ゴム弾性

　抽象的な話が続いたから、そろそろ具体例がないとピンとこないだろう。簡単な例を考えてみよう。まず、図 2.8 で示されるような、鎖状の高分子化合物を考える。これはゴムの分子構造をモデル化したものである。ゴムには「熱すると短くなる」という性質があるのだが、これからエントロピーによる温度の定義を利用してその理由を説明して見せよう。高分子化合物を構成する分子は、二つの構造 α, β からなり、それぞれエネルギー $0, \varepsilon$ を持つとする。分子間の相互作用によって、分子の間でエネルギーのやりとりがあってもいいとし、分子の構造は α 型と β 型の間で自由に変換できるものとする。また α 型分子の鎖方向の長さは、β 型分子に比べて大きいものとする (図 2.8)。今、N 個の分子からなる鎖状高分子化合物があったとき、この系の温度を変化させていくと何が起こるだろうか。

　この前の授業でやったことを思い出しながら、計算を行っていこう。まず最初に、全エネルギーが E のときの状態数 W の計算からはじめる。この例では状態数を数えるのは簡単だ。まず、β 型分子の数は全エネルギーから $n = E/\varepsilon$ で一定値に決まることに注意する (ε は β 型構造の分子のエネルギー)。図 2.9

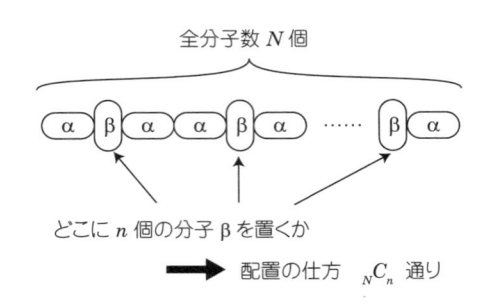

図 2.9 状態数の勘定の仕方

に示すように、N 個の分子のうちどの n 個の分子を β 型にするかについて、場合の数を計算すればいいので、

$$W = {}_N C_n = \frac{N!}{n!(N-n)!} \quad \left(n = \frac{E}{\varepsilon}\right)$$

と計算される。しばらくは n を用いることにし、ある程度計算が進んだ段階で $n = E/\varepsilon$ を使って、エネルギー E に書き換えることにしよう。

次にエントロピー S を計算しよう。これは単純に状態数の対数をとることで計算される。

$$S = k_\text{B} \log W = k_\text{B}(\log N! - \log n! - \log(N-n)!)$$

ここで第 1 章でやったスターリングの近似公式 $\log N! \approx N \log N - N (N \gg 1)$ を思い出せば、エントロピーは、

$$\begin{aligned}
S &= k_\text{B}(\log N! - \log n! - \log(N-n)!) \\
&\approx k_\text{B}(N \log N - N - n \log n + n - (N-n)\log(N-n) + (N-n)) \\
&= k_\text{B}(N \log N - n \log n - (N-n)\log(N-n))
\end{aligned}$$

と計算できる。やや技巧的だが、括弧のなかの第一項を $N \log N = n \log N - (N-n)\log N$ と変形して、それぞれ第二項、第三項にまとめてしまうと、

$$\begin{aligned}
S &= k_\text{B}\left(-n \log\left(\frac{n}{N}\right) - (N-n)\log\left(1 - \frac{n}{N}\right)\right) \\
&= k_\text{B} N \left(-\frac{n}{N}\log\left(\frac{n}{N}\right) - \left(1 - \frac{n}{N}\right)\log\left(1 - \frac{n}{N}\right)\right)
\end{aligned}$$

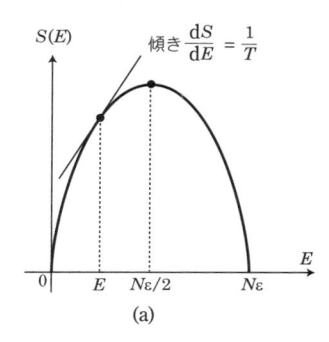

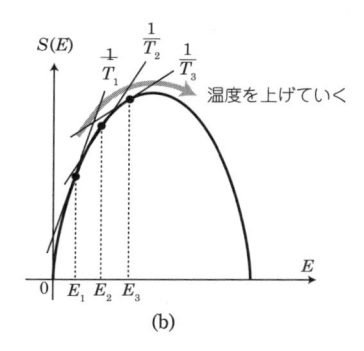

図 2.10 (a) エントロピー $S(E)$ のグラフ、(b) 三つの温度 ($T_1 < T_2 < T_3$) とエネルギーの関係

まで変形できる。最後に $n = E/\varepsilon$ を代入しておけば、S を E の関数として求められたことになる。ここで、全分子数の中で β 型の分子数の割合 $p = n/N = E/N\varepsilon$ を使って結果を整理しておくと、後の計算が楽になる：

$$S = -k_\mathrm{B} N(p\log p + (1-p)\log(1-p)), \quad \left(p = \frac{E}{N\varepsilon}\right) \tag{2.1}$$

この式から、エントロピー S をエネルギー E の関数としてかくと、図 2.10(a) のようになる (いったん p の関数としてエントロピー S のグラフをかき、$p = E/N\varepsilon$ を使って横軸を p から E に変数変換すればよい)。

次は温度だ。温度の定義が

$$\frac{dS}{dE} = \frac{1}{T}$$

で与えられたことを思いだそう。温度 T とエネルギー E の間にはどのような関係があるだろうか。まず、さきほどかいたエントロピー $S(E)$ のグラフで考えてみよう。温度の定義は、このグラフの傾き ($= dS/dE$) が $1/T$ に相当することをいっている (図 2.10(a))。このやり方だと、エネルギー E を与えたとき、そのエネルギーでの温度があとから決まることになる。しかし、実際の物理現象を考えるときには、先に温度 T が決まっていて、その温度が実現されるようなエネルギー E を後から求めるのが普通である。今、$T_1 < T_2 < T_3$

を満たす三つの温度を決めておいて、それぞれの温度におけるエネルギー E_1, E_2, E_3 を考えてみよう。これは傾きが $1/T_1 > 1/T_2 > 1/T_3$ となるようなグラフ上の位置で決まり、図 2.10(b) のようになる。こうしてみると、温度 T が大きくなるにつれて、エネルギー E が増えていくことが見てとれるだろう。

エネルギー E を温度 T の関数として求めることもできる。先ほど計算したエントロピー S をエネルギー E で微分し、合成関数の微分公式を使ってがんばって計算を進めていくと、

$$\begin{aligned}
\frac{dS}{dE} &= \frac{dp}{dE}\frac{dS}{dp} \\
&= \frac{1}{N\varepsilon} \times (-k_B N)(\log p + 1 - \log(1-p) - 1) \\
&= -\frac{k_B}{\varepsilon} \log\left(\frac{p}{1-p}\right) = \frac{1}{T}
\end{aligned} \quad (2.2)$$

という式が得られる。この式を p ついて解き直していくと、

$$\log\left(\frac{p}{1-p}\right) = -\frac{\varepsilon}{k_B T} \quad \Leftrightarrow \quad \frac{p}{1-p} = \exp\left(-\frac{\varepsilon}{k_B T}\right)$$

$$\Leftrightarrow \quad p = (1-p)\exp\left(-\frac{\varepsilon}{k_B T}\right) \quad \Leftrightarrow \quad p = \frac{1}{1+\exp(\varepsilon/k_B T)}$$

となり、最後に $p = E/N\varepsilon$ を使って、エネルギー E は

$$E = \frac{N\varepsilon}{\exp(\varepsilon/k_B T) + 1}$$

と計算される。ここで $\exp(x)$ は指数関数 e^x と同じである (指数関数の肩が分数式になるときは、$\exp(x)$ でかいた方が誤解がなくてよい)。これで全エネルギーが温度 T の関数として求められたことになる。

得られたエネルギーの式を吟味してみよう。まず全エネルギー E を温度 T の関数としてグラフをかいてみる。温度を絶対零度に近づけていくと $(T \to 0)$, 指数関数の中身は $\varepsilon/k_B T \to \infty$ と発散するので、分母にある指数関数も発散し $(\exp(\varepsilon/k_B T) \to \infty)$、その結果エネルギー E は減少しながら 0 に近づく。一方、温度を高くしていくと、指数関数の中身は $\varepsilon/k_B T \to 0$ となるので指数関数 $\exp(\varepsilon/k_B T)$ は減少しながら 1 に近づき、その結果エネルギー E は増加しながら $N\varepsilon/2$ に近づく。これらの考察から、エネルギーを温度の関数としてグ

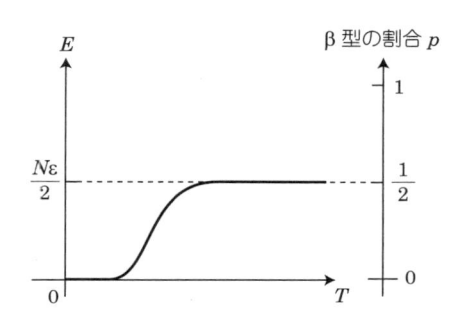

図 2.11 エネルギー E を温度 T の関数としてかいたグラフ

ラフをかくと、図 2.11 のようになることがわかる。この図からいろいろなことを読み取ることができる。まず、温度 $T=0$ では、エネルギーが 0 になっているが、これは高分子鎖中の分子がすべて α 型になっていることを意味する。徐々に温度を上げていくと、構成分子はだんだん β 型のものが多くなってきて、エネルギーが上がっていく。十分に高温になったとき、温度が高いと全分子のうちほぼ半数が β 型になり、エネルギーは $N\varepsilon/2$ になる。

さて、この高分子の模型はすでに述べたようにゴムの簡単な模型となっている。ゴムは有機分子の重合反応によってできた高分子鎖の集合体であり、ここで考察した高分子の模型によって、定性的な振る舞いは理解されると考えられている。では温度を上げると、鎖状の高分子の長さはどうなるだろうか？

計算結果を見れば、温度上昇とともに β 型の分子が多くなり、高分子鎖は短くなることがすぐにわかるだろう。これが**「ゴムを熱すると短くなる」という現象の本質**である。ゴムだけではなく、髪の毛やナイロンなども高分子でできているが、これらも熱によって縮む性質があり、やはりここで考察した高分子の模型で定性的に理解できるのだ。

最後に補足として、ゴムの模型からわかる状態数 $W(E)$ やエントロピー $S(E)$ の性質を三つ述べておこう。一つ目は、状態数 $W(E)$ の振る舞いである。前の授業で「$W(E)$ は E の急激な増大関数である」と説明したが、それが本当か確かめてみよう。さきほどのエントロピーの計算結果 (2.1) を使うと、状態数 $W(E)$ は以下のように求められる。

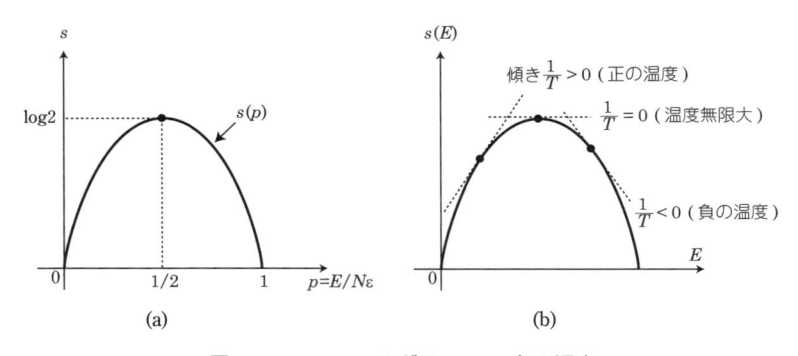

図 2.12 (a) $s(p)$ のグラフ、(b) 負の温度

$$W(E) = \exp(S(E)/k_{\rm B}) = \exp(Ns(E/N\varepsilon))$$
$$s(p) \equiv \frac{S(E)}{Nk_{\rm B}} = -(p\log p + (1-p)\log(1-p)) \quad (p = E/N\varepsilon)$$

ここで $s(E)$ はエントロピー S を $Nk_{\rm B}$ で割ったものである。$s(p)$ を $p = E/N\varepsilon (0 \leq p \leq 1)$ の関数と考えてそのグラフをかくと、図 2.12(a) のようになる (図 2.10 にかいた図と概形は同じ)。$s(p)$ は 0 から $\log 2$ までの値をとる関数であり、それほど大きな値をとらない。問題なのは $W(E) = \exp(Ns(p))$ の表式の中にある N である。これは通常の物質でアボガドロ数程度の大きさになる。よって $0 \leq p \leq 1/2 (0 \leq E \leq N\varepsilon/2)$ の範囲にエネルギーがあるときは、エネルギー E を増加させる (p を増加させる) と確かに $W(E)$ は急激に増大することがわかる。

ゴムの模型の二つ目の性質は、この模型の特殊性に由来する性質であるが、「$1/2 \leq p \leq 1 (N\varepsilon/2 \leq E \leq N\varepsilon)$ の範囲で状態数が急激に下がる」ことである。これはゴムの模型がエネルギーの上限を持っていることによる特殊な性質である。通常は系の持つエネルギーに上限がないことが普通であり、その場合、状態数はエネルギーの単調増加関数になる。しかし、ゴムの模型ではエネルギーが増えていくにつれて α 型の分子がどんどん減っていって、ついには 0 になってしまい、それ以上エネルギーが増やせないのだ。α 型分子が β 型分子より減ってくると状態数 W が減ってしまうので、$E = N\varepsilon/2$ で状態数が最

大となるのである。さて、この $1/2 \leq p \leq 1 (N\varepsilon/2 \leq E \leq \varepsilon)$ の範囲で温度はどうなっているか？　実はここでは**「負の温度」**が実現されるのである。負の温度というと、絶対零度より低いイメージがあるが、実はあらゆる通常の温度より**「高い」**温度だ。それを模式的に表したのが、図 2.12(b) である。温度がどんどん高くなっていくと、温度が無限に大きくなったところで $S(E)$ のグラフは最大値になる。さらにエネルギーを上げていくと温度は負となり、もっとエネルギーを上げていくと温度は負を保ったままその絶対値は小さくなっていくのだ。このような負の温度は、特殊な環境下でしか実現できないのであるが、最近実験で「負の温度」が実現されたというニュースがでていたな。まあ、負の温度はかなりマニアックなトピックなので、統計力学で扱う物理現象では通常は正の温度だけを考える。また以後は、$S(E)$ のグラフは E について単調増加する部分だけに注目してかくことにしよう (ゴムの模型でいえば $0 \leq p \leq 1/2$ のところだけ切り出してかくことに対応する)。

ゴムの模型の三つ目の性質は、「$S(E)$ が上に凸の関数である」ということである。これは図 2.12 を見れば明らかであろう。数式でいうと「$S(E)$ のエネルギーに関する 2 階微分が負である」のだ。とても重要な性質なので公式としてまとめておこう。

熱力学的安定性　$\dfrac{d^2 S}{dE^2} < 0$

これは証明できる性質というよりは、「そうなっていないとおかしなことになる」というたぐいの性質である。$S(E)$ が上に凸でないと、どんな不都合が生じるか。まず、さきほど「エントロピーが極大を持つ」ような場所が熱平衡状態であると考えたが、$S(E)$ が上に凸でないとエントロピー $S(E)$ の極値が極大をとる保証がなくなってしまう。また $S(E)$ が上に凸でない領域があるとすると、さきほどの図 2.10(b) を使って説明したような「温度を高くするとエネルギーが大きくなる」という関係が常に成り立つとは限らなくなる。つまり「温度を高くするとエネルギーが小さくなる」ような温度領域がでてきてし

まう。この領域では、物体の比熱 (1K 温度を上げるのに必要なエネルギー) が負になってしまうのだ。もし「負の比熱を持つ物質」が存在すると熱力学的に不安定な状況を引き起こすことがすぐにわかる。仮に温度 T の系 A, 系 B があり、これらの系が温度 T 近傍でともに負の比熱を持っていたとしよう。系 A と系 B を接触させると、二つの系は同じ温度だから、そのままの状態で熱平衡状態が実現されるはずだな。しかしそうならないんだ。仮に系 A が何かの拍子に系 B に比べてわずかに温度が高くなったとする。すると、系 A から系 B にエネルギー (熱) が移動するはずだが、そうすると系 A のエネルギーが減って、負の比熱を持つために系 A の温度はますます高くなる。一方、系 B のエネルギーは増え、負の比熱を持つために系 B の温度はますます低くなる、系 A と系 B の温度差が広がり、系 A から系 B へのエネルギーの移動が加速されてしまうんだ。この状況は、力学で出てくる、ちょうど山のてっぺんに大きな球状の岩をのっけてあるような「不安定な釣り合い」の状態にそっくりだ。ちょっとでも岩を押すと岩は頂上から転がり落ちてしまうように、系 A と系 B がちょっとでも温度が異なると温度差がどんどん大きくなっていってしまう。この意味で「温度が同じで熱平衡状態にある」状態が不安定になってしまうのだ。もちろん、こんなことは実際には起こらない。このように $S(E)$ は常に上に凸でなければならず、実際にこの授業で扱う問題ではすべて $S(E)$ は上に凸の関数として計算される。あとの授業でも、この「関数の凸性」に再び出会うことになるだろう。

2.5 等重率の原理

　高分子の模型を例に、統計力学の考え方を一通り説明してきた。ここでもう一度、どんな計算をしてきたのかを振り返ってみることにしよう。とくに「状態数の計算」がどのような意味を持っているのか、もう一度見直してみることにしよう。

　まず、イメージを持ってもらうために、$N=5$ の高分子化合物を考えよう。それぞれの n の値に対して、状態数 W_n は 5 個の可能な場所のうち、どの n 個

10 通りの分子配置

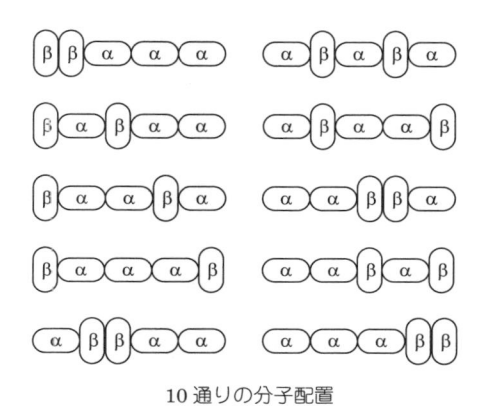

図 2.13 5 個の分子からなる高分子化合物。2 個の分子が β 型で、残りが α 型である場合、10 通りの配置が考えられる

の分子を β 型にするかに関して場合の数として計算される。例えば $n=2$ であれば、5 個の可能な場所のうち 2 カ所が β 型である場合の数 $W_2 = {}_5C_2 = 10$ が状態数となる。具体的に 10 通りの分子配置を図示すると、図 2.13 のようになる。

さて、ここまではっきりとは述べていなかったが、この章では計算をはじめる際に一つ大きな仮定を置いている。それは**「実現されうる状態はどれも同じ確からしさで起こる」**という仮定である。これを**「等重率の原理」**という。例えば、$N=5, n=2$ の高分子化合物では、図 2.13 に示される 10 通りの分子配置が、すべて同じ確率で実現されると考えるのだ。あるいは別の例として、第 1 章でやった容器内の気体を考えてもよい。気体容器を左右にわけたときの分子の配置を考えたが、それらの実現されうる分子の配置はどれも同じ確率で実現されると考えていた。この二つの例で、結局やっていることはこうだ。「起こりうるすべての状態を列挙せよ。そして、それらが全部同じ確率で起こるとせよ。」この大胆な仮定 (等重率の原理) のもと、状態数やエントロピーを計算しているのである。

等重率の原理とは統計力学の大前提である。もちろん現実に起こっていることはもっともっと複雑である。例えば、容器内の気体分子は互いに衝突しながら複雑な運動をするし、高分子の例では実際には分子内の原子の複雑な運動によって α 型と β 型の間の変換が行われることになる。このように実際に起きている非常に複雑な運動が、「それが十分に複雑であるがゆえに」等重率の原理という簡単な仮定でよく説明されてしまうのである。これが**統計力学の一番重要な考え方**であり、**統計力学で行われる議論の出発点**となっているのだ。

等重率の原理がうまくいく理由は、繰り返しになるが、統計力学が温度や圧力、エネルギーといった一部の物理量の「期待値」にのみ注目するからである。等重率の原理から計算される量はすべて、興味ある物理量の期待値に関して、正しく記述することがわかっている。しかし、やはり「等重率の原理」がうまく働くかどうかは、本当は証明すべきことがらである。古典力学や量子力学のやや抽象的で込み入った議論を使うと、限定された状況では等重率の原理を導くことができるが、完全に一般的な証明はできていない。ということで、ここでは「等重率の原理」は認めてしまってほしい。統計力学の基礎付けが現在もちゃんとできていないことは大変に面目ないことであるが、とりあえず興味ある物理量をちゃんと正しく計算できることはわかっているので、素直に認めてほしいのだ。

次に等重率の原理を使って、**熱平衡状態とは何なのか**をもう一度見直してみよう。そのために図 2.14 (a) のように $N = 10$ の高分子を左半分 A と右半分 B に分け、$N = 5$ の高分子が二つ結合していると見なしてみる。$N = 10$ の高分子全体は孤立系 (エネルギーが一定) であるが、高分子 A と高分子 B の間ではエネルギーのやりとりを許すことにする。例として、高分子全体のエネルギーが $E = 2\varepsilon$ である (つまり 10 個の分子のうち 2 個が β 型である) 状況を考えよう。高分子全体のエネルギーは $E = 2\varepsilon$ から変化しないが、高分子 A, 高分子 B のエネルギーは変化しうる。具体的にはそれぞれのエネルギーを E_A, E_B としたときに、$(E_A, E_B) = (0, 2\varepsilon), (\varepsilon, \varepsilon), (2\varepsilon, 0)$ の 3 通りが考えられることになる。さて、この 3 通りのエネルギー状態は同様に確からしいであろうか。残念ながらここに等重率の原理をあてはめることはできない。構成要

(a) $N=10$ の高分子 $(n=2)$

左半分 (高分子A) 右半分 (高分子B)

(b) $(E_A, E_B) = (2\varepsilon, 0)$ のとき

高分子A　10通り　　高分子B　1通り　　合計 10×1=10通り

(c) $(E_A, E_B) = (\varepsilon, \varepsilon)$ のとき

高分子A　5通り　　高分子B　5通り　　合計 5×5=25通り

(d) $(E_A, E_B) = (0, 2\varepsilon)$ のとき

高分子A　1通り　　高分子B　10通り　　合計 1×10=10通り

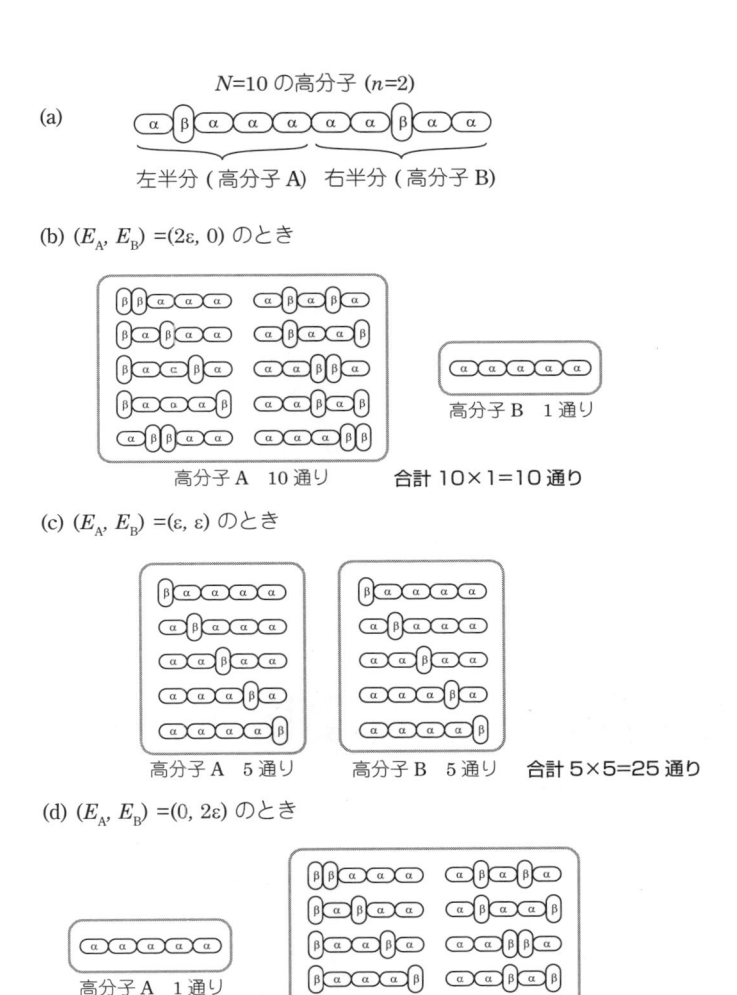

図 2.14　(a) 10個の分子からなる高分子化合物、(b) $(E_A, E_B) = (2\varepsilon, 0)$ のときの配置、(c) $(E_A, E_B) = (\varepsilon, \varepsilon)$ のときの配置、(d) $(E_A, E_B) = (0, 2\varepsilon)$ のときの配置

素をそれ以上分解できないところまで分けてから等重率の原理を適用しなくてはいけないのだ。ということで、各エネルギー状態で β 型分子の取り得る位置をすべて書き出したのが、図 2.14 (b),(c),(d) である。三つのエネルギー状態 $(E_A, E_B) = (0, 2\varepsilon), (\varepsilon, \varepsilon), (2\varepsilon, 0)$ に対して、分子配列の場合の数は明らかに異なる。とくに高分子 A と高分子 B に等しくエネルギーが振り分けられているとき ($E_A = E_B = \varepsilon$) に状態数が最大となることに注意しよう。ここでやったことを振り返ると、考えている対象を「**それ以上分割できない最小要素**」まで分解することの重要性がよくわかると思う。中途半端に等重率の原理を適用すると、間違った答えが得られてしまうのだ。

　高分子を構成する分子の数 N が非常に大きくなると、それを二つの部分に等分したとき、エネルギーがほぼ確実に半々に分配されることがわかる。理由は簡単だ。そのとき状態数が圧倒的に大きくなるからである (容器に入れられた気体で、気体分子が容器の右半分と左半分にほぼ半々に分けられるのと同じことが起こっている)。このように等重率の原理から、熱平衡状態の性質が自然に理解されることがわかる。

おもしろゼミナール

　のどかな五月晴れの日、今日も研究室のおやつの時間が訪れていた。親がケーキ屋をやっている学生が、差し入れで大きなバームクーヘンを持ってきており、それを囲んで学生がそれをどのように分割するかを相談していた。

先生　やっと暖かくなってきたね。

助教　そうですね、今年の冬は寒かったから、やっと暖かくなってよかったです。今年の冬はシベリアで零下 50 度まで温度が下がったってニュースがありました。

奈々子さん　うわー。そんな気温で外出したらどうなっちゃうかしら。そういえば、温度って絶対零度が一番低い温度ということになっているけど、絶対零度はさすがに実現できないわよね。

助教 ええ、物質を絶対零度にすることはできません。でも絶対零度に近づけていくことはできますよ。小さい固体であれば、数十 mK 程度 (1mK は 1/1000 ケルビン) までなら比較的容易に冷やせます。これにはまず、固体を液体窒素 (沸点 77K) に浸して冷やし、そのうえでさらに液体ヘリウム (沸点 4.2K) に浸します。さらにそこから ^{3}He-^{4}He の希釈冷凍機という特別な装置を使って数十 mK まで冷やしています。こういう装置は低温での固体の性質を観測する上で重要です。

奈々子さん そんなに冷やして何をするの?

助教 温度が低いと原子の振動の影響が少なくなって、固体特有の性質を見やすくなるのが主な理由です。しかしその他に、温度を冷やすことで全く新しい現象が現れることもあります。例えば、液体ヘリウムの生成に成功した物理学者のオネスは、その液化ヘリウムを使って水銀を冷やすと超伝導状態という抵抗がゼロの状態になることを発見しました。超伝導の発見により、オネスはノーベル賞をもらっています。

奈々子さん オネスは超伝導状態を狙って、水銀を冷やしたの?

助教 いえ、そうではありません。オネスはありとあらゆる気体について、液化を試みていたんですよ。ヘリウムの液化をするまえは、水素の液化を成功させたのですが、これは大変な作業だったようです。水素は可燃性があり、取り扱いが難しいですからね。オネスは液体空気を入れた容器の中に、液体水素を入れ、さらその内側に特殊な方法を使って生成した液体ヘリウムをつくったんです。まさか超伝導現象が発見されるとは、オネスをはじめ、当時の物理学者は全く予想していませんでした。こういうタイプの実験というのは、「冒険型実験」といってもいいかもしれません。深海探索とか、人工衛星による惑星探査と似ているところがあります。いままで人類が一回も到達したことのない環境を実現すると、全く新しい現象に出会える可能性がでてくるのですね。最近でいうと、レーザーの技術を発展させて希薄な原子ガスを数十 μK(1μK $= 10^{-6}$K) まで冷やすことができるようになってます。これを使って、原子の集団がボース・アインシュタイン凝縮という全く新しい状態に変化することも示しました。こちらもノーベル賞の受賞対象になってますね。

先生　ノーベル賞をとるには、ものを冷やすのが一番手っ取り早いってことだ。さて、おなかがすいたな。ワシのバームクーヘンはどこにある？

助教　そこのお皿に取り分けてありますよ。

先生　おう、ありがとう。さて、ワシもいただくかな。あれ、なんだこれは。

助教　先生の分のバームクーヘンですよ。

先生　めちゃくちゃ薄いじゃないか。角度にしたら1度くらいしかないぞ！なんか、お皿の上でぎりぎり立つか立たないかってくらい薄いぞ。

助教　先生、このあいだお茶部屋においてあったクッキーを全部食べましたよね。先生の奥様からも、「くれぐれも甘い物をとらせすぎないように」と頼まれています。ということで、学生が協議して出した結論が、教授は角度1度が適当だろうということでした。

先生　ひどい。あんまりだ。バームクーヘンくらいいいじゃないか！　私はバームクーヘン30度分を要求する。

助教　先生、そんなにカッカしないでください。先生もおっしゃったじゃないですか。

先生　何をだ。

助教　ノーベル賞級のいい業績を出すには、先生の「頭」を冷やすのが一番、てことですよ。

先生　う、うむむむ。

オネス (1853-1926)

第3章

正準統計でお手軽計算

　ここまでの章で、統計力学の原理は一通り説明し終わったことになる。でも、実際に複雑な物理系を考えるときには、これまでの章で説明した方法では計算がとても面倒になってしまう。そこで、もっと簡単な計算方法を導入することにしよう。それは「**正準統計**」と呼ばれる計算方法だ。

3.1　高分子の模型を使って考える

　正準統計の計算方法を説明する前に、その大まかな考え方を具体的な例で見ておこう。具体例としては、前の章で取り扱った N 個の分子からなる高分子の模型を考える (図 3.1)。前の章では、高分子の全エネルギーが E で一定

N分子からなる高分子化合物

α─β─α─α─β─α ······ β─α

着目している分子　　残りの分子 ($N-1$個)

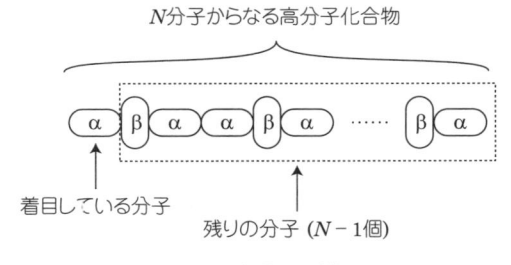

図 3.1　高分子の模型

であると考え、β 型の分子の数が $n = E/\varepsilon$ で与えられるときの分子構造の可能な配置の数から状態数を計算し、そこからいろいろな計算を行った。しかし、ここではちょっと見方を変えてみることにしよう。高分子のある場所にある1分子に着目するのだ。どこの分子に着目しても良いが、わかりやすいように左端の分子を使って考えてみよう (図 3.1(a))。着目している 1 分子は α 型もしくは β 型のどちらかの構造をとるはずだが、それぞれの構造をとる確率はどうなるだろうか。

着目している 1 分子が α 型および β 型をとる確率をそれぞれ p_0, p_1 としよう。等重率の原理から α 型、β 型の可能な配置はすべて同様に確からしいと考えてよい。そうすると、左端の分子が β 型の構造となる確率は、高分子中に含まれる β 型分子の割合 $p = n/N = E/N\varepsilon$ と一致するはずだ (箱のなかに N 個のくじがあり、n 個が当たりであったとき、箱から 1 個のクジをひいて当たりを引く確率の計算と同じ)。つまり、$p_1 = p$ であるはずである。同様に α 型の構造となる確率は α 型分子の割合 $1 - p$ で与えられる。ここで、確率の比

$$\frac{p_1}{p_0} = \frac{p}{1-p}$$

を考えよう。実はこれは、64 頁の式 (2.2) の結果を使うと簡単な式に書き直すことができる。

$$\frac{p_1}{p_0} = e^{-\varepsilon/k_\mathrm{B}T}$$

この式は簡単で、かつ意味を持っている。今、α 型分子のエネルギーは 0、β 型分子のエネルギーは ε である。ε が正であるとすれば、この式の右辺は必ず 1 より小さくなる。つまり、「エネルギーの高い状態が実現される確率は、エネルギーの低い状態が実現される確率より小さい」ことがわかる。また確率の比 $p_1/p_0 = \exp(-\varepsilon/k_\mathrm{B}T)$ は、エネルギーの差 ε と $k_\mathrm{B}T$ の比だけできまっており、温度 T が小さくなる、もしくは β 型分子のエネルギー ε が大きくなると、β 型構造をとる確率が急速に減少することがわかる。

確率の比がわかってしまえば、そこからいろいろなことが計算できる。まず確率 p_0, p_1 の値を計算してみよう。確率の比が与えられているので、それぞれの確率は

$$p_0 = A, \qquad p_1 = Ae^{-\varepsilon/k_B T}$$

と比例定数 A を用いてかくことができる。定数 A は全確率が 1 であることを使って、

$$p_0 + p_1 = A\left[1 + e^{-\varepsilon/k_B T}\right] = 1 \quad \Leftrightarrow \quad A = \frac{1}{1 + e^{-\varepsilon/k_B T}}$$

と計算されるので、確率は

$$p_0 = \frac{1}{1 + e^{-\varepsilon/k_B T}}$$
$$p_1 = \frac{e^{-\varepsilon/k_B T}}{1 + e^{-\varepsilon/k_B T}}$$

と計算できる。

次に一分子あたりの平均エネルギー E_{mol} を考えてみよう (下付き添え字の mol は分子の英語名 molecule の意味)。これは期待値の定義から

$$E_{\mathrm{mol}} = p_0 \times 0 + p_1 \times \varepsilon = p_1 \varepsilon$$

となる。ここにさきほどの確率の結果を代入すると、

$$E_{\mathrm{mol}} = \frac{\varepsilon e^{-\varepsilon/k_B T}}{1 + e^{-\varepsilon/k_B T}} = \frac{\varepsilon}{e^{\varepsilon/k_B T} + 1}$$

と計算される。あれ、これはどこかで見た式ではないか？ 今の計算は 1 分子に対するエネルギーの期待値であったが、物理的に考えて N 分子の高分子のエネルギーはこれを単に N 倍にしたものであると推測できる (実際にそうなっていることを後で確かめる)。この推測から

$$E = N E_{\mathrm{mol}} = \frac{N\varepsilon}{e^{\varepsilon/k_B T} + 1}$$

となることが予想され、これは前の章で計算した結果と全く同じになっている！

3.2 確率の比を別の方法で導出する

1分子に着目することで、エネルギーの計算がだいぶ楽になったように見える。この方法を見通しよく整理できないだろうか。前節の計算を見直してみると、もっとも重要な鍵となるのは、確率の比が $p_1/p_0 = \exp(-\varepsilon/k_\mathrm{B} T)$ と簡単にかけることである。さきほどの計算では、前の章の計算結果を用いて確率の比を求めたが、この確率の比 p_1/p_0 は簡単な形をしているから、もっと見通しよく賢く計算できるのではないかと予想される。そして実際にそれは可能である。以下でそれを見てみよう。

まず、N 個の分子からなる高分子化合物を考える。ここに n 個の β 型分子を配置するときの場合の数 W を考える。この計算はすでにやっているな。N 個の分子のうちどの n 個を β 型構造にするか、について場合の数を計算すればいいので、$W = {}_N C_n$ となる。さて、この状態数 W を二つに分けてみよう。

$$W = W_0 + W_1$$

ここで W_0 は「左端の分子が α 型であるとしたときの場合の数」、W_1 は「左端の分子が β 型であるときの場合の数」である。左端の分子は α 型か β 型のどちらかしかないので、W_0 と W_1 の和はすべての場合の数 W に一致しなくてはいけない。これが上の式の意味である。

さて、等重率の原理から、W 通りの配置の仕方はすべて同じ確率で実現される。このとき、左端の分子が α 型である確率 p_0 は、すべての可能な配置の仕方 W のうち、左端の分子が α 型である配置がどれだけの割合で含まれているかを計算すればいいはずである。つまり、$p_0 = W_0/W$ と計算される。同じようにして、左端の分子が β 型である確率は $p_1 = W_1/W$ と計算される ($W_0 + W_1 = W$ なので $p_0 + p_1 = 1$ が成り立つ)。

次に、確率の比 p_1/p_0 を考えてみよう。まず、$p_1 = W_1/W, p_0 = W_0/W$ と計算されていたので、確率の比は、

$$\frac{p_1}{p_0} = \frac{W_1}{W_0}$$

(a) 着目している分子が α 型のとき

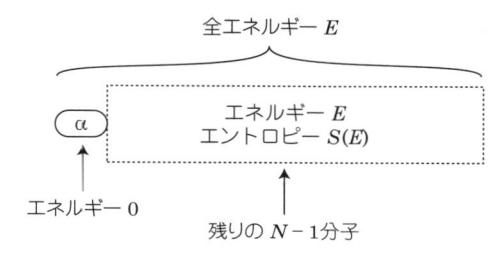

全エネルギー E

α ← エネルギー 0

エネルギー E
エントロピー $S(E)$
← 残りの $N-1$ 分子

(b) 着目している分子が β 型のとき

全エネルギー E

β ← エネルギー ε

エネルギー $E-\varepsilon$
エントロピー $S(E-\varepsilon)$
← 残りの $N-1$ 分子

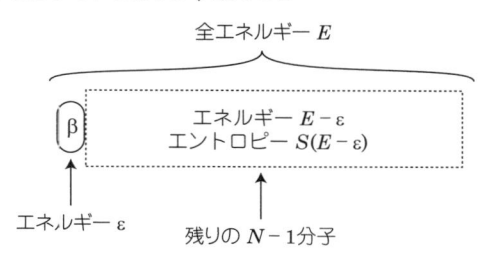

図 3.2　エネルギーの分配の仕方

と、場合の数の比で表現される。エントロピーの定義式 $S = k_B \log W$ を思い出すと、状態数は $W = \exp(S/k_B)$ と書き直すことができる。よって、確率の比は

$$\frac{p_1}{p_0} = \frac{W_1}{W_0} = \frac{e^{S_1/k_B}}{e^{S_0/k_B}} = e^{(S_1-S_0)/k_B}$$

と書き直せる。さて、ここで出てきたエントロピー S_0, S_1 は、着目している分子が α 型・β 型であるときの、残りの $N-1$ 分子のエントロピーである。高分子全体のエネルギーが E であることに注意すると、具体的にエントロピーの差 $S_1 - S_0$ を評価することができる。まず注目している分子が α 型 (エネルギー 0) であれば、残り $N-1$ 分子のエネルギーは E のままである (図 3.2 (a))。よって $S_0 = S(E)$ となる ($S(E)$ は $N-1$ 分子のエントロピー)。注目している分子が β 型 (エネルギー ε) であれば、残り $N-1$ 分子のエネルギーは $E-\varepsilon$ で

あるから $S_1 = S(E-\varepsilon)$ である (図 3.2 (b))。

　ここが一番重要なところだ。今、高分子を 1 分子と $N-1$ 分子に分けた。例によって N はアボガドロ数程度の巨大な整数であるとする。このとき、E は ε に比べて非常に大きくなる。よって、エントロピーの差 $S_1 - S_0$ を一次近似によって

$$S_1 - S_0 = S(E-\varepsilon) - S(E) \approx \frac{\mathrm{d}S}{\mathrm{d}E} \times (-\varepsilon)$$

と近似することができる。ここで第 2 章で説明した温度の定義

$$\frac{\mathrm{d}S}{\mathrm{d}E} = \frac{1}{T}$$

を用いることができる。これを使うと、エントロピーの差は、

$$S_1 - S_0 \approx -\frac{\varepsilon}{T}$$

と簡単な式で表され、最終的に確率の比は、

$$\frac{p_1}{p_0} = e^{(S_1-S_0)/k_\mathrm{B}} = \exp\left(-\frac{\varepsilon}{k_\mathrm{B} T}\right)$$

となり、目論見通りの結果が導かれるのだ！

　以上のやり方を振り返ると、実は高分子に限らず、あらゆる物理系で確率の比が評価できることに気がつくだろう。次の節で、統計力学で一番有用な結果である、ボルツマン分布を導くことにしよう。

3.3　ボルツマン分布の導出

　一般の物理系で確率の比を計算するには、図 3.3 のような状況を考える。まず着目している物理系 (さきほどの高分子の例では左端の 1 分子にあたる) の取り得るエネルギーが、$\varepsilon_1, \varepsilon_2, \varepsilon_3, \cdots$ であったとしよう。この物理系に、巨大な熱浴 (さきほどの高分子の例では残りの $N-1$ 分子にあたる) を結合させ、エネルギーのやりとりを許すことにする。この巨大な熱浴 (bath) はどのようにとってもよいが、一番簡単なやり方は、着目している物理系をたくさんコ

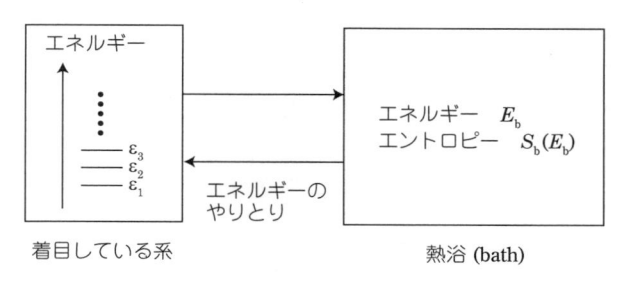

図 3.3　ボルツマン分布導出のための状況設定

ピーし、それらをまとめて熱浴と見なすことである (さきほどの高分子の例でも、$N-1$ 個の分子が熱浴の役割を果たしている)。別のやり方としては、どんな大きさのエネルギーも吸収・放出できる理想的な熱浴を、例えば理想気体などでつくっておいてもよい。とにかく、熱浴は巨大であることが何よりも重要である。熱浴のエネルギーを E_b とし、熱浴のエントロピーを $S_b(E_b)$ とかくことにする。

　注目している物理系がエネルギー ε_i の状態をとる確率を p_i としよう。求めたいのは異なる二つのエネルギー状態 $\varepsilon_i, \varepsilon_j$ をとる確率の比 p_j/p_i であるが、これは前節と同様にして、

$$\frac{p_j}{p_i} = \frac{W_j}{W_i} = \frac{e^{S_j/k_B}}{e^{S_i/k_B}} = e^{(S_j-S_i)/k_B}$$

と計算していける。ここで系全体 (注目している物理系と熱浴) のエネルギーの値が E で一定であることに注意すれば、$S_j = S_b(E-\varepsilon_j)$ および $S_i = S_b(E-\varepsilon_i)$ が得られる。最後に熱浴は巨大であって、着目している物理系のエネルギー $\varepsilon_i, \varepsilon_j$ が全系のエネルギー E に比べて十分小さければ、一次近似によりエントロピーの差が

$$\begin{aligned}S_j - S_i &\approx \left(S_b(E) - \frac{dS_b}{dE}\varepsilon_j\right) - \left(S_b(E) - \frac{dS_b}{dE}\varepsilon_i\right) \\ &= -\frac{\varepsilon_j - \varepsilon_i}{T}\end{aligned}$$

と計算できる (最後の等式で熱浴の温度の定義 $dS_b/dE = 1/T$ を使った)。よって確率の比は、

$$\frac{p_j}{p_i} = \exp\left(-\frac{\varepsilon_j - \varepsilon_i}{k_B T}\right)$$

と計算される。

さて、確率の比がこのように計算されれば、定数を用いて各確率が計算できる。例えば、一番エネルギーが低い状態 (エネルギー ε_1) をとる確率を p_1 とすれば、任意のエネルギー状態 ε_j をとる確率 p_j は

$$\frac{p_j}{p_1} = \exp\left(-\frac{\varepsilon_j - \varepsilon_1}{k_B T}\right)$$

となる。これを少し変形すれば、

$$p_j = p_1 e^{+\varepsilon_1/k_B T} e^{-\varepsilon_j/k_B T} = A e^{-\varepsilon_j/k_B T}$$

となる。ここで $A = p_1 e^{+\varepsilon_1/k_B T}$ は定数である。よって、着目している物理系について、以下のような分布 (ボルツマン分布という) が得られる。

> **ボルツマン分布** 温度 T の熱浴に接した物理系では、エネルギー ε_j をとる確率は $\exp(-\varepsilon_j/k_B T)$ に比例する。

これが**統計力学で最も重要な結果**である。ぜひとも頭にたたきこんでおいてほしい。

さて、このボルツマン分布の式を利用すると、いろいろな統計力学の計算が簡単になることが知られている。ボルツマン分布を利用した計算方法を「**正準統計の方法**」と呼ぶ。「正準」という見慣れない言葉がでてきて戸惑うかも知れないが、この言葉は少し古い言葉で、今ではあまり意味を持っていない。あまり気にせず、当面の間は、「ボルツマン分布を使った計算方法を正準統計の方法というんだな」くらいに思っていてくれ。

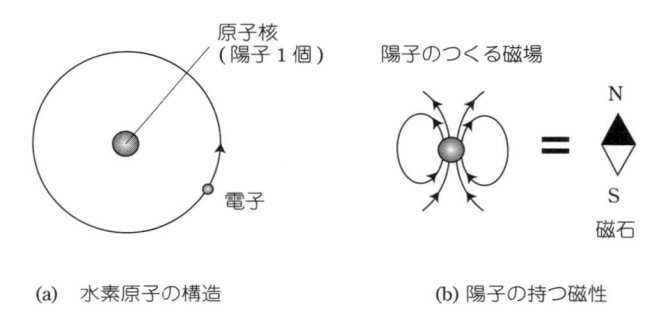

(a) 水素原子の構造　　　(b) 陽子の持つ磁性

図 3.4　核スピンの説明

3.4　正準統計の公式：核スピンを例にして

　ボルツマン分布から出発する統計力学の手法 (=正準統計の方法) では、基本的にはボルツマン分布だけ知っていれば、すべての物理量が計算ができるはずだ。でも覚えておいたほうがよい便利な公式がいくつかある。この節では、是非とも利用してほしい公式を一つ紹介しよう。

　とはいえ、そろそろ高分子の例から卒業したいものである。そこでちょっとだけ異なる物理系を考えてみよう。それは核スピンというものである。スピンは「量子力学」というミクロな世界を記述する理論でしか記述できない不思議な量である。電子、陽子、中性子といった、物質を構成する基本的な粒子はすべてスピンという特別な角運動量を持っていることが知られている。原子核 (=陽子・中性子の複合体) でも、陽子と中性子のスピンが合成されて、原子核全体がスピンを持つことになる。これを核スピンという。

　一番簡単な例として水素の原子核を考えよう (図 3.4 (a))。自然界にあるほとんどの水素原子は、1 個の陽子を原子核として持つ (ごく少量、自然界には重水素というものがあり、その原子核は中性子 1 個と陽子 1 個からなるが、以下では重水素のことは考えない)。さて、水素の原子核 (=陽子) がスピンを持っていると、スピンの向きに応じて原子核の周りに微小な磁場ができるこ

(a) スピン↑状態

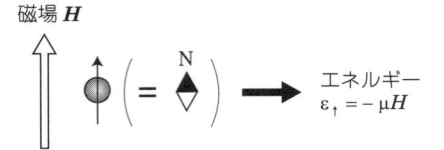

磁場 H

$(= \text{N極上向き磁石})$ → エネルギー $\varepsilon_\uparrow = -\mu H$

(b) スピン↓状態

磁場 H

$(= \text{N極下向き磁石})$ → エネルギー $\varepsilon_\downarrow = +\mu H$

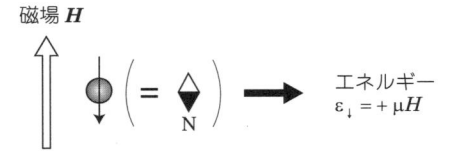

図 3.5　核スピンの二つの状態とそのエネルギー

$$\varepsilon_\downarrow = +\mu H$$

マイクロ波 $h\nu$

$$\varepsilon_\uparrow = -\mu H$$

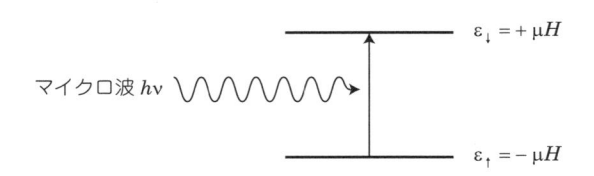

図 3.6　核スピンによるマイクロ波の吸収 (MRI の動作原理)

とが知られている。この磁場の様子は、図 3.4 (b) のようになるのだが、これは原子核が「ある方向に N 極が向いているような小さな磁石」として振る舞うことを意味しているのだ。つまり、おおざっぱにいって「スピン＝小さな磁石」なのである。

陽子のスピンは二つの状態をとりうる。一つは陽子の作る磁石の N 極がある方向を向いた状態 (この方向を z 軸正方向とする)、もう一つはそれと反対方向 (z 軸負方向) を向いた状態である (図 3.5)。陽子のスピン状態は、この 2 種類しかないので、統計力学の練習問題としては最適なのだ。z 軸正方向に N 極が向いている状態をスピン↑状態、z 軸負方向に N 極が向いている状態をスピン↓状態と名前をつけることにしよう。この陽子に z 軸正方向に磁場

$H(>0)$ をかけると、磁場の向きと同じ方向を向いたスピン状態 (スピン↑) が、磁場と反対方向を向いたスピン状態 (スピン↓) に比べて、低いエネルギーを持つようになる。また、そのときに生じるエネルギー差は磁場 H に比例することが実験からわかっている。ゆえに、それぞれのスピン状態のエネルギーは $\varepsilon_\uparrow = -\mu H$、$\varepsilon_\downarrow = \mu H$ と表される (エネルギーの原点はどこにとってもよいので、ここでは二つのエネルギーの平均値が 0 になるようにエネルギーの原点を取った)。ここで μ は磁石の大きさを表す定数である。$\varepsilon_\uparrow < \varepsilon_\downarrow$ となるのは、磁石を磁場の中にいれたとき、N 極の方向が磁場と同じ方向を向きやすい性質を持っているからである (図 3.5)。実は十分な大きさの磁場をかけた上で、外から光の一種であるマイクロ波 (振動数 ν) を照射すると、ちょうどマイクロ波の光子が持つエネルギー $h\nu$ と二つの核スピン状態のエネルギー差 $\varepsilon_\downarrow - \varepsilon_\uparrow = 2\mu H$ が一致したときに吸収が起きる (図 3.6)。これを使うと、例えば体内にある水の密度を、水分子中の水素原子核の核スピンによる吸収を通して、画像にすることができる。これが **MRI**(核磁気共鳴画像法) である。

少々脱線したが、とにかく水素の原子核は磁場 H のもとで二つのエネルギー状態 $\varepsilon_\uparrow = -\mu H$ と $\varepsilon_\downarrow = \mu H$ に分裂する。これに正準統計の方法を適用してみよう。まず 1 個の水素原子核 (=陽子) を考える。この核スピンが温度の T の熱浴に接していると考えると、ボルツマン分布の表式から各スピン状態をとる確率 $p_\uparrow, p_\downarrow$ は

$$p_\uparrow = Ae^{-\varepsilon_\uparrow / k_B T}, \qquad p_\downarrow = Ae^{-\varepsilon_\downarrow / k_B T}$$

とかける (A は比例定数)。ここで、同じ式を逆温度 $\beta = 1/k_B T$ によって書き直しておくと、簡潔な表現になる上、後々便利である:

$$p_\uparrow = Ae^{-\beta \varepsilon_\uparrow}, \qquad p_\downarrow = Ae^{-\beta \varepsilon_\downarrow}, \qquad \left(\beta = \frac{1}{k_B T}\right)$$

さて、ここで**正準統計で最も重要な量**を定義しよう。それは**分配関数**と呼ばれる量であり、以下のように定義される。

> **分配関数の定義** 物理系の可能なエネルギー状態 $\varepsilon_j(j=1,2,3,\cdots)$ すべてについての和 $Z = \sum_j e^{-\beta \varepsilon_j}$ を分配関数と呼ぶ $(\beta = 1/k_\mathrm{B} T)$。

核スピンの例では、スピンのとりうる状態が二つしかないので、分配関数は

$$Z = e^{-\beta \varepsilon_\uparrow} + e^{-\beta \varepsilon_\downarrow}$$

となる。なぜ分配関数 Z が重要かというと、この量がいろいろな物理量を計算する際の基点になるからである。まず、分配関数 Z はさきほどの確率分布

$$p_\uparrow = A e^{-\beta \varepsilon_\uparrow}, \qquad p_\downarrow = A e^{-\beta \varepsilon_\downarrow}$$

に現れていた定数 A と関係することがわかる。A は全確率が 1 になる条件から

$$p_\uparrow + p_\downarrow = A e^{-\beta \varepsilon_\uparrow} + A e^{-\beta \varepsilon_\downarrow} = 1$$
$$\Leftrightarrow A = \frac{1}{e^{-\beta \varepsilon_\uparrow} + e^{-\beta \varepsilon_\downarrow}} = \frac{1}{Z}$$

と計算され、定数が $A = 1/Z$ と分配関数によって書き表されるのだ。つまり、確率分布は

$$p_\uparrow = \frac{1}{Z} e^{-\beta \varepsilon_\uparrow}, \qquad p_\downarrow = \frac{1}{Z} e^{-\beta \varepsilon_\downarrow}$$

と書き表されるのである。これが分配関数の活用法の第一歩である。

ここで $p_\uparrow, p_\downarrow$ が磁場の強さ H によってどのように変化していくかを調べておこう。$\varepsilon_\uparrow = -\mu H$ および $\varepsilon_\downarrow = \mu H$ を代入すると、分配関数は $Z = e^{\beta \mu H} + e^{-\beta \mu H}$ となり、確率分布は、

$$p_\uparrow = \frac{1}{Z} e^{\beta \mu H} = \frac{e^{\beta \mu H}}{e^{\beta \mu H} + e^{-\beta \mu H}}$$
$$p_\downarrow = \frac{1}{Z} e^{-\beta \mu H} = \frac{e^{-\beta \mu H}}{e^{\beta \mu H} + e^{-\beta \mu H}}$$

と求められる。さらに分母と分子に同じ量をかけて整理すると、

$$p_\uparrow = \frac{e^{-\beta \mu H} \times e^{\beta \mu H}}{e^{-\beta \mu H} \times (e^{\beta \mu H} + e^{-\beta \mu H})} = \frac{1}{1 + e^{-2\beta \mu H}}$$

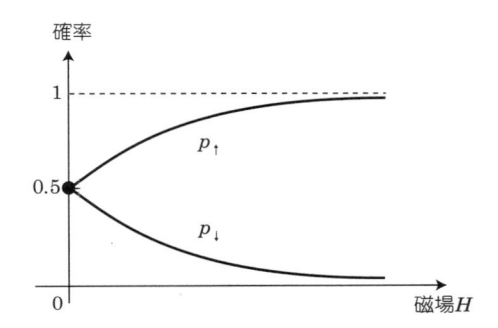

図 3.7 二つの核スピン状態の実現確率

$$p_\downarrow = \frac{e^{\beta\mu H} \times e^{-\beta\mu H}}{e^{\beta\mu H} \times (e^{\beta\mu H} + e^{-\beta\mu H})} = \frac{1}{1 + e^{2\beta\mu H}}$$

となる。さて、まず磁場がないとき ($H = 0$) は、指数関数の部分が $e^{2\beta\mu H} = e^{-2\beta\mu H} = 1$ となるので、$p_\uparrow = p_\downarrow = 1/2$ となることがすぐにわかる。磁場がないときは、スピン↑とスピン↓の状態が半々の確率で実現されるのである。一方、磁場を非常に強くしていくと ($\mu H \to \infty$)、指数関数 $e^{-2\beta\mu H}$ は 0 に、指数関数 $e^{+2\beta\mu H}$ は無限大に発散するので、$p_\uparrow = 1, p_\downarrow = 0$ となる。これは核スピンがほぼ磁場と同じ方向を向くことを意味する。核スピンが小さな磁石と見なせることと、スピンの向きが磁石の N 極の向きであることを考え合わせれば (図 3.5 参照)、磁場をかけると核スピンが磁場の方向にそろうことはよく理解できるであろう。

さて、まだここまでは**分配関数の活用法としては序の口に過ぎない**。正準統計の公式をもう少しつくっていってみよう。正準統計の方法では、対象としている系のエネルギー状態はさまざまな値をとる。よって系のエネルギーは決して一定値をとるわけではないのだが、その期待値は定義することができる。例えば、核スピン 1 個のエネルギー期待値を $\langle E_1 \rangle$ とかくことにすると、これは

$$\langle E_1 \rangle = \varepsilon_\uparrow p_\uparrow + \varepsilon_\downarrow p_\downarrow$$

と定義される。ここにさきほど得られた $p_\uparrow = e^{-\beta\varepsilon_\uparrow}/Z$ および $p_\downarrow = e^{-\beta\varepsilon_\downarrow}/Z$ を代入すると、

$$\langle E_1 \rangle = \frac{1}{Z}(\varepsilon_\uparrow e^{-\beta\varepsilon_\uparrow} + \varepsilon_\downarrow e^{-\beta\varepsilon_\downarrow})$$

と書き直せる。さて、この式をじーっと眺めてみよう。何か感じることはないかな? カッコの中の式であるが、これは 1 個の核スピンの分配関数

$$Z = e^{-\beta\varepsilon_\uparrow} + e^{-\beta\varepsilon_\downarrow}$$

を β で微分した表式をほとんど同じなのだ。実際にこれを β で微分すると、

$$\frac{dZ}{d\beta} = -\varepsilon_\uparrow e^{-\beta\varepsilon_\uparrow} - \varepsilon_\downarrow e^{-\beta\varepsilon_\downarrow}$$

となるが、これは期待値 E_1 の計算式に現れたカッコの中の表式と符号を除いて一致する! つまり、エネルギーの期待値は

$$\langle E_1 \rangle = -\frac{1}{Z}\frac{dZ}{d\beta}$$

と分配関数のみで書き表されるのだ。さらに対数関数の微分の公式 $(\log f(x))' = f'(x)/f(x)$ を用いると、

$$\langle E_1 \rangle = -\frac{d}{d\beta}(\log Z)$$

と簡潔に表される。この式は一般の物理系に対しても成り立つことを簡単に示すことができる(練習問題 4)。この関係式はとても有用であるので、公式として覚えてしまっておこう。

> **エネルギーの期待値公式**
>
> $$\langle E \rangle = -\frac{\partial}{\partial \beta}(\log Z)$$

なお、公式では β による微分が偏微分となっている。これはあとで理想気体などを取り扱うときに、系の熱力学変数として温度 T のほかに体積 V や粒

子数 N がでてくることによる。β の偏微分は、これらの温度以外の熱力学変数 (V, N など) を固定したままで $\beta(=1/k_\mathrm{B}T)$ で微分しろ、という意味を持っているのだ。ただし、1 個の核スピンの例では温度以外の熱力学変数がでてこないので、普通に β の微分をとればよい。

さて、このように $\log Z$ を β で一回微分したときにエネルギー期待値がでてくるのであれば、$\log Z$ を β で二回微分するどうなるか？さっそくやってみよう。核スピンの例で分配関数の対数を微分していくと、

$$\frac{\partial}{\partial \beta}(\log Z) = \frac{1}{Z}\frac{\mathrm{d}Z}{\mathrm{d}\beta} = -\frac{1}{Z}\varepsilon_\uparrow e^{-\beta\varepsilon_\uparrow} - \frac{1}{Z}\varepsilon_\downarrow e^{-\beta\varepsilon_\downarrow}$$

であった。左辺をさらに β で微分していくと、積の微分公式を使って

$$\frac{\partial^2}{\partial \beta^2}(\log Z) = \frac{\partial}{\partial \beta}\left(\frac{1}{Z}\frac{\partial Z}{\partial \beta}\right) = \frac{1}{Z}\frac{\partial}{\partial \beta}\left(\frac{\partial Z}{\partial \beta}\right) + \frac{\partial}{\partial \beta}\left(\frac{1}{Z}\right)\frac{\partial Z}{\partial \beta}$$
$$= \frac{1}{Z}\frac{\mathrm{d}^2 Z}{\mathrm{d}\beta^2} - \frac{1}{Z^2}\frac{\partial Z}{\partial \beta}\frac{\partial Z}{\partial \beta}$$

となる。第二項はエネルギー期待値公式から $-\langle E_1 \rangle^2$ となることはすぐにわかる。第一項は分配関数の定義式を β で二回微分した式

$$\frac{\mathrm{d}^2 Z}{\mathrm{d}\beta^2} = \varepsilon_\uparrow^2 e^{-\beta\varepsilon_\uparrow} + \varepsilon_\downarrow^2 e^{-\beta\varepsilon_\downarrow}$$

を代入して、確率分布 $p_\uparrow = e^{-\beta\varepsilon_\uparrow}/Z, p_\downarrow = e^{-\beta\varepsilon_\downarrow}/Z$ を使うことで

$$\frac{1}{Z}\frac{\mathrm{d}^2 Z}{\mathrm{d}\beta^2} = \varepsilon_\uparrow^2 p_\uparrow + \varepsilon_\uparrow^2 p_\downarrow = \langle E_1^2 \rangle$$

となることがわかる。ここで $\langle E_1^2 \rangle$ は核スピンのエネルギーの 2 乗の期待値である。以上から、

$$\frac{\partial^2}{\partial \beta^2}(\log Z) = \langle E_1^2 \rangle - \langle E_1 \rangle^2$$

が得られる。この式はどこかで見覚えがないだろうか。統計学で学んだ (そして第 1 章の練習問題でやった) 分散に関する公式 $V(E_1) = \langle E_1^2 \rangle - \langle E_1 \rangle^2$ を使うと、$\log Z$ の β による二階微分は、エネルギーの確率分布の分散 $V(E_1)$ に他ならないことがわかる！　ということで、実は**分配関数の対数 $\log Z$ は「打ち**

出の小槌」のような存在で、β で一回たたく (一階微分する) とエネルギーの期待値が、二回たたく (二階微分する) とエネルギーの分散がわかるのである (統計学をよく学んでいる人は、「$\log Z$ は確率分布の生成母関数である」といえばピンとくるかも知れないな)。ここでは核スピンの例を考えたが、一般の系でももちろんこの公式が成り立つ (練習問題 4)。

さて、エネルギー期待値公式を使うと、エネルギーの分散をもっとわかりやすい量と結びつけることができる。

$$V(E_1) = \frac{\partial^2}{\partial \beta^2}(\log Z) = \frac{\partial}{\partial \beta}\left(\frac{\partial}{\partial \beta}(\log Z)\right) = \frac{\partial}{\partial \beta}(-\langle E_1 \rangle)$$

$$= -\frac{dT}{d\beta}\frac{\partial \langle E_1 \rangle}{\partial T} = k_B T^2 \frac{\partial \langle E_1 \rangle}{\partial T}$$

ここで、2番目の等式でエネルギー期待値公式をつかっており、また最後の等式では $T = 1/k_B \beta$ の β 微分を行ったあとに $\beta = 1/k_B T$ を代入している。最後の結果で、$\partial \langle E_1 \rangle / \partial T$ という式があるが、これにははっきりとした意味がある。今、系の体積は一定に保たれているとすれば、系に与えた熱はすべて内部エネルギーに変化するから、$\partial \langle E_1 \rangle / \partial T$ は物質の温度を 1K 上昇させるのに必要な熱の量を表しており、物質の熱容量 (正確には定積熱容量) そのものになっている。つまりエネルギー分布の分散は、系の比熱と関係するのだ。

これら分散に関わる式はあまり頻繁には使われないので、無理して覚える必要はない。ただ、あとで公式を導くときに、この分散についての結果を使わせてもらおう。しかしまぁ、**分配関数からエネルギーの揺らぎまで計算できて、それが比熱というよく知られた物理量と関係しているということ自体、とても美しい**と思わないかね。

[練習問題 4] 系のエネルギーが一般に ε_i ($i = 1, 2, 3, \cdots$) で与えられるとき、分配関数は $Z = \sum_i e^{-\beta \varepsilon_i}$ と表せる ($\sum_i$ は可能なすべてのエネルギー状態 i についての和を表す)。

(1) エネルギー ε_i を持つ確率 p_i を、分配関数を用いてかけ。
(2) エネルギー期待値公式 $\langle E \rangle \equiv \sum_i \varepsilon_i p_i = -\frac{\partial}{\partial \beta}(\log Z)$ を証明せよ。

(a) 核スピン 2 個の場合 (4 通り)

$\uparrow\uparrow$　$\uparrow\downarrow$　$\downarrow\uparrow$　$\downarrow\downarrow$
$\varepsilon_\uparrow+\varepsilon_\uparrow$　$\varepsilon_\uparrow+\varepsilon_\downarrow$　$\varepsilon_\downarrow+\varepsilon_\uparrow$　$\varepsilon_\downarrow+\varepsilon_\downarrow$

(b) 核スピン 3 個の場合 (8 通り)

$\uparrow\uparrow\uparrow$　$\uparrow\uparrow\downarrow$　$\uparrow\downarrow\uparrow$　$\uparrow\downarrow\downarrow$
$\downarrow\uparrow\uparrow$　$\downarrow\uparrow\downarrow$　$\downarrow\downarrow\uparrow$　$\downarrow\downarrow\downarrow$

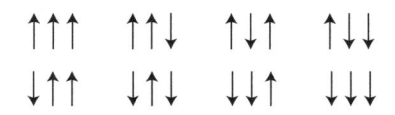

図 3.8 独立な複数の核スピンの状態

(3) エネルギーの分散に関する公式 $\dfrac{\partial^2}{\partial \beta^2}(\log Z) = \langle E^2 \rangle - \langle E \rangle^2$ を証明せよ。

[練習問題 5] 核スピン 1 個からなる系の分配関数は

$$Z = e^{-\beta \varepsilon_\uparrow} + e^{-\beta \varepsilon_\downarrow} = e^{\beta \mu H} + e^{-\beta \mu H}$$

と与えられる。エネルギー期待値公式を使って、核スピン 1 個あたりの平均エネルギーが $\langle E_1 \rangle = -\mu H \tanh(\beta \mu H)$ と計算されることを示せ。ただし、$\tanh(x) = (e^x - e^{-x})/(e^x + e^{-x})$ は双曲線関数と呼ばれる関数である (tanh はハイパボリックタンジェントと読む)。

3.5　独立した核スピンが複数ある場合

次に考えている対象の数を少しずつ増やしていこう。簡単な例として、核スピンが 2 個ある場合を考える。このとき、核スピンの状態として $(\uparrow,\uparrow)$, $(\uparrow,\downarrow)$, $(\downarrow,\uparrow)$, $(\downarrow,\downarrow)$ の 4 つが考えられる (図 3.8 (a))。核スピン同士はほとんど相互作用をしないので、それぞれの状態のエネルギーは、単に個々の核スピンが持つエネルギーの和となる。このように、全体のエネルギーが個々の核スピンのエネルギーの和になっているとき、「核スピンは**互いに独立である**」という。「互いに独立である」というのは、一方の状態が他方の状態に影響を与えない、

ということを意味しているのだ。ということで、独立な二つの核スピンのエネルギーは

$$\varepsilon_{\uparrow\uparrow}=\varepsilon_\uparrow+\varepsilon_\uparrow, \quad \varepsilon_{\uparrow\downarrow}=\varepsilon_\uparrow+\varepsilon_\downarrow, \quad \varepsilon_{\downarrow\uparrow}=\varepsilon_\downarrow+\varepsilon_\uparrow, \quad \varepsilon_{\downarrow\downarrow}=\varepsilon_\downarrow+\varepsilon_\downarrow$$

となる (図3.8 (a))。次に分配関数を計算してみよう。考えられるすべての状態について $\exp(-\beta\varepsilon_j)$ の和をとると、

$$Z = e^{-\beta(\varepsilon_\uparrow+\varepsilon_\uparrow)} + e^{-\beta(\varepsilon_\uparrow+\varepsilon_\downarrow)} + e^{-\beta(\varepsilon_\downarrow+\varepsilon_\uparrow)} + e^{-\beta(\varepsilon_\downarrow+\varepsilon_\downarrow)}$$

と計算される ($\beta = 1/k_\mathrm{B}T$)。このまま計算を進めることもできるにはできるが、それは煩雑きわまりないことだ。なんとか簡単にならないだろうか。実はこの式をじーと見ていると、次のように因数分解できることに気付く。

$$Z = (e^{-\beta\varepsilon_\uparrow}+e^{-\beta\varepsilon_\downarrow})(e^{-\beta\varepsilon_\uparrow}+e^{-\beta\varepsilon_\downarrow})$$
$$= (e^{-\beta\varepsilon_\uparrow}+e^{-\beta\varepsilon_\downarrow})^2$$

非常にうまい具合にできているんだな。核スピンの数が増えていっても、同じように因数分解することができる。例えば独立な核スピンが3個あれば、状態は8通り考えられ (図3.8 (b))、分配関数は

$$Z = e^{-\beta(\varepsilon_\uparrow+\varepsilon_\uparrow+\varepsilon_\uparrow)} + e^{-\beta(\varepsilon_\uparrow+\varepsilon_\uparrow+\varepsilon_\downarrow)} + e^{-\beta(\varepsilon_\uparrow+\varepsilon_\downarrow+\varepsilon_\uparrow)} + e^{-\beta(\varepsilon_\uparrow+\varepsilon_\downarrow+\varepsilon_\downarrow)}$$
$$+ e^{-\beta(\varepsilon_\downarrow+\varepsilon_\uparrow+\varepsilon_\uparrow)} + e^{-\beta(\varepsilon_\downarrow+\varepsilon_\uparrow+\varepsilon_\downarrow)} + e^{-\beta(\varepsilon_\downarrow+\varepsilon_\downarrow+\varepsilon_\uparrow)} + e^{-\beta(\varepsilon_\downarrow+\varepsilon_\downarrow+\varepsilon_\downarrow)}$$
$$= (e^{-\beta\varepsilon_\uparrow}+e^{-\beta\varepsilon_\downarrow})^3$$

ときれいに因数分解される。この調子でやっていくと、N 個の独立な核スピンの分配関数は、

$$Z = (e^{-\beta\varepsilon_\uparrow}+e^{-\beta\varepsilon_\downarrow})^N$$

と表されるであろうことは、容易に想像がつくであろう。一般にある系の分配関数を Z_1 としたとき、この系を N 個あつめてできた物理系全体の分配関数は $Z = (Z_1)^N$ と書き表される。これも役に立つ性質なので、公式として掲げておこう。

> **独立した系の分配関数合成公式** 分配関数を Z_1 で与えられる独立な系を N 個あつめたとき、全系の分配関数は $Z = (Z_1)^N$ となる。

最後に N 個の核スピンのエネルギー期待値 $\langle E \rangle$ を計算してみよう。$Z = (Z_1)^N$ を利用して計算を行ってみると、

$$\langle E \rangle = -\frac{\partial}{\partial \beta}(\log Z) = -\frac{\partial}{\partial \beta}(N \log Z_1)$$
$$= N \times \left\{ -\frac{\partial}{\partial \beta}(\log Z_1) \right\}$$

となる。分配関数の対数があるおかげで、$(Z_1)^N$ の指数 N が前に落ちてきて、非常に好都合となる。なぜなら Z_1 は一つの核スピンあたりの分配関数であるので、

$$\langle E \rangle = N \times (1 \text{ スピンあたりのエネルギー期待値})$$

となることがすぐにわかるからだ。これは物理的にはとてもリーズナブルな結果になっている。つまり、核スピンが独立であるなら、N 個の核スピンのエネルギーは単に核スピン 1 個あたりのエネルギーを N 倍するだけでよい、といっているのだ。分配関数の便利さや威力がそろそろ感じられないだろうか。1 個の核スピンの分配関数 $Z_1 = e^{\beta \mu H} + e^{-\beta \mu H}$ を代入して計算を進めると、

$$\langle E \rangle = N \times \left(-\mu H \frac{e^{\beta \mu H} - e^{-\beta \mu H}}{e^{\beta \mu H} + e^{-\beta \mu H}} \right) = -N \mu H \tanh(\beta \mu H)$$

と計算される。これはたしかに核スピン 1 個あたりのエネルギーを単に N 倍しただけのものとなる。

おもしろゼミナール

ゴールデンウィークを前にして、学生達は全く変わらない様子で、勝手気ままに 3 時のおやつをつまんでいた。ゴールデンウィークは全く関係ないといった風情だ。

先生 ゴールデンウィークだというのに、研究室の学生連中はどこに遊びに行くでもない様子だな。いったい学生達は、休日に何をしているんじゃ。

助教 家で寝てたり、ゲームをやったりしながら過ごしているみたいですよ。

先生 なんじゃ、だらしないな。わしが若い頃は…えーと何してたっけ。わしも、家でごろごろしてた記憶しかないな。うむ。諸君、ごろごろしてよろしい。

奈々子さん 私は旅行にいきますからね。えっへん。

先生 お金があるんじゃな。わしの学生時代は、お金がなくて苦労しておった。お、そうだ。統計力学の考え方を使って、「この世の中になぜお金持ちと貧乏人が存在するのか」を説明できるんだが、知っているかな?

奈々子さん え、そんなことできるの?

先生 ああ、できるとも。まず、いくつかの仮定をおくんだな。例えば、日本中に出回っているお金が N 万円であったとしよう。簡単のために、お金は一万円紙幣しかなくて、お金のやりとりはすべて一万円単位であるとする。さらに日本の人口を M 人であるとし、すべての人がすべての人とお金のやりとりをしていると考える。

奈々子さん いきなりものすごく簡単にしてるけど、まぁなんとか納得できる仮定だわね。

先生 さて、お金のやりとりをした結果、各人が持っているお金の額はいろいろだな。その金額の分布がどうなるかを知りたいわけだ。その分布を求めるために、もう一つ仮定をおいてしまおう。それは「N 万円のお金を M 人の人へ分配するとき、すべての分配の仕方が同じ確率で生じるものとする」という仮定だ。

奈々子さん え、それはどういうこと?

先生 まず簡単な例から考えてみよう。今、仮に 5 万円のお金を A さん, B さん, C さんの 3 人で分配することを考えよう。例えば、5 万円を A さん 1 万円、B さん 2 万円、C さん 2 万円とわけるようなことを考えるんだ。ただ、ちょっとだけ注意しないといけないのは、お金をもらえない場合も考えるようにすることだな。つまり、A さん 3 万円、B さん 0 円、C さん 2 万円という分け方もありとする。さて、5 万円を A, B, C の 3 人に分配するとき、分配

仕切り棒を2本入れる

[配置1]
Aさん 1万円
Bさん 2万円
Cさん 2万円

[配置2]
Aさん 3万円
Bさん 0万円
Cさん 2万円

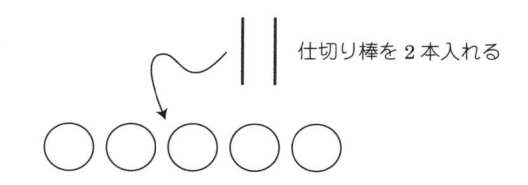

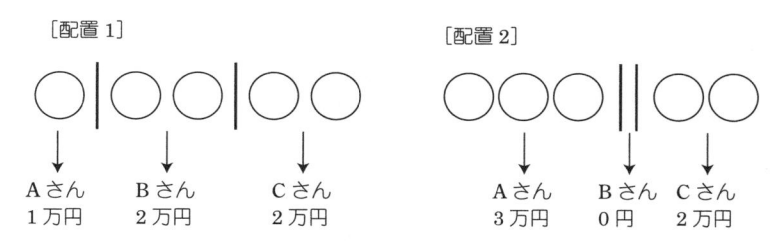

図 3.9 5万円のお金を3人で分配する方法

の仕方は何通りあるだろうか。

奈々子さん なんか、高校のときにやったような気がするけど、記憶の彼方だわ。私、確率・統計が大嫌いだったのよ。

先生 はっはっは。私も苦手だったんだが、この問題はわかってしまえば簡単だ。こういう問題は「重複組合せ」といって、やり方がきまっているんだ。図 3.9 をみてくれ。一万円札を丸で表すことにし、5個の丸 (=5万円) を3人で分けることを考える。このとき、5個の丸の間に2個の仕切り棒を入れることを考えるんだ。例えば配置1のように仕切り棒をいれると、Aさん1万円、Bさん2万円、Cさん2万円と分配される。また配置2ではAさん3万円、Bさん0万円、Cさん2万円と分配されることになる。これですべての可能な分配の仕方は、「5個の丸の間に2本の仕切り棒をいれる入れ方」で決まることになるな。その入れ方は、5+2個の場所のどこに2本の棒を配置するかの場合の数から、$_{5+2}C_2 = 21$ 通りとなる。

奈々子さん なんとなくそういうことをしてた覚えがあるわ。

先生 これを N 万円を M 人で分配する分配の仕方に拡張すると、N 個の丸の間に $M-1$ 本の仕切り棒を入れればいいから、全部で $W = {}_{N+M-1}C_{M-1}$ 通

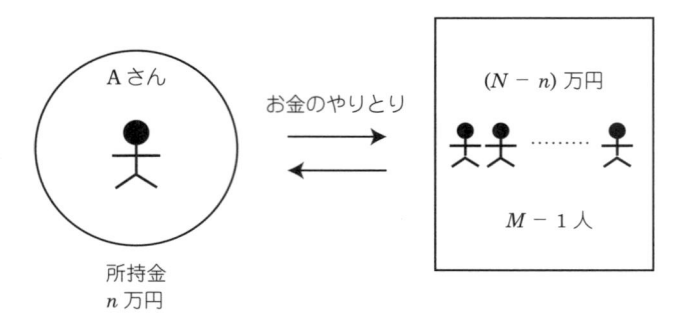

図 3.10 Aさんの所持金とその他の人々との関係

りの分配の仕方があることがわかる。そして、これらの分配の仕方がすべて同様に確からしい、つまり、同じ確率で起きることを仮定するんだ。まぁこれは、ある意味で「平等」なことだな。ここで「平等」といっているのは、各人が同じ額のお金を持つことではない。お金の分配の仕方そのものに何の恣意性もない、という意味で平等なんだ。でもその結果、お金持ちと貧乏人がでてくることになる。

奈々子さん なるほど、機会の平等みたいなものなのね。でもその結果、不平等が起きるということか。

先生 なかなか示唆に富んでいるだろう。さて、M の人の中からある一人の人 (A さんとしよう) を選び出し、その人の所持金の分布を考えることにしよう。図 3.10 を見てほしい。今、日本全体を A さんとその他の $M-1$ 人の人々に分割して考える。A さんが n 万円を持つようなお金の分配の仕方は何通りあるだろうか。

奈々子さん えーと、$M-1$ 人の人々が $N-n$ 万円を分け合うときの場合の数を考えればいいのかな？

先生 その通り。A さんが n 万円を持つような分配の仕方 W_n は、$M-1$ 人の人々が $N-n$ 万円を分け合うときの場合の数で与えられ、$N-n$ の丸を $M-2$ 本の棒で仕切るときの場合の数から $W_n = {}_{N-n+M-2}C_{M-2}$ と計算される。ちなみに、W_n をすべての n について足し上げると、すべての可能な分配の場合の

数を与えるはずだから、$W = \sum_{n=0}^{N} W_n$ となっているはずだな。さて、Aさんが n 万円を持っている確率 p_n はどうなるだろうか。

奈々子さん 何回もこっちに振らないでよ。えーと、すべての可能な W 通りの分配の内、Aさんに n 万円が配分される場合の数 W_n がどれくらいの割合を占めるかを考えればいいから、$p_n = W_n/W$ と計算されるのかしら。

先生 そうだ。$p_n = W_n/W$ に先ほど計算した場合の数を代入していくと、

$$p_n = \frac{W_n}{W} = \frac{{}_{N-n+M-2}C_{M-2}}{{}_{N+M-1}C_{M-1}} = \frac{(N-n+M-2)!}{(M-2)!(N-n)!} \times \frac{(M-1)!N!}{(N+M-1)!}$$

となる。さらに階乗の定義 $N! = 1 \times 2 \times \cdots \times N$ を思い出して、分数の約分を行いながらもう少し計算していくと、

$$p_n = (M-1) \times \frac{N(N-1) \cdots (N-n+1)}{(M+N-1)(M+N-2) \cdots (M+N-n-1)}$$

となるな。ここで N, M が 1 に比べて十分大きく、かつ n は N, M に比べて十分小さいとしよう。このとき上の式に表れている M, N 以外の定数や n は無視できる。そうすると、

$$p_n = M \times \frac{N^n}{(N+M)^{n+1}} = \frac{M}{N+M} \left(\frac{N}{N+M} \right)^n$$

とまとまる。さらに一人あたりの所持金の平均を $\bar{n} = N/M$ とすると、

$$p_n = \frac{1}{1+\bar{n}} \left(\frac{\bar{n}}{1+\bar{n}} \right)^n$$

となる。つまり、指数関数の分布が得られるわけだ。$\bar{n}/(1+\bar{n})$ は 1 より常に小さいから、確率 p_n は n が増えていくにつれてどんどん減少していく。つまり大多数の人は所持金が少なく、一方でごく少数のお金持ちが存在することになるんだ。

奈々子さん うわー、厳然たる格差社会ね。

先生 ここでやったことは、ほとんど正準統計の方法と同じなんだ。例えば図 3.10 は、お金をエネルギーと読みかえれば、系が熱浴と接している状況とそっくりだな。それから「あらゆるお金の分配が同様に確からしい」というのも、統計力学の等重率の原理と同じことをいっている。さらにいえば、確率分布 p_n はボルツマン分布そのものなんだよ。

奈々子さん あれ、一見するとあまり似てないけど。
先生 確率分布を変形していけば、

$$p_n = \frac{1}{1+\bar{n}} \exp\left(n \log\left(\frac{\bar{n}}{1+\bar{n}}\right)\right) \propto e^{-n/T}$$

とできるんだ。ここで $1/T = -\log(\bar{n}/(1+\bar{n})) = \log(1+1/\bar{n})$ は正の定数で、T は温度の役割を果たす。これはボルツマン分布そのものだな。景気がよくてお金がでまわり、一人あたりの平均の所持金 $\bar{n}$ が大きくなると、温度 T が大きくなるようになっておるから、もっともらしいことになっておる。
奈々子さん なるほど。社会の仕組みがわかった気がするわ。でも、社会の仕組みがわかっても、お金持ちになれるわけじゃないのよね。
先生 そうなんだよなぁ (遠い目)。

3.6 正準統計をもっと使ってみよう

ここまで、正準統計に関するいくつかの公式を紹介してきたが、さらに正準統計の方法を深く理解するには、実際に手を動かして計算してみることが大切だ。この章の残りでは、具体的な問題を考えてみることにしよう。ただ式を眺めるのではなく、自分の手でしっかりと計算を確かめながら進んでいってほしい。

この章の残りでは、二つの問題を考えることにする。一つ目は固体の比熱である。固体の比熱がどのように決まるのかを明らかにしていこう。もう一つは、単原子分子理想気体である。高校の時に学んだ結果が、統計力学を使ってちゃんと導きだせることを確認しよう。

3.7 固体の比熱の実験結果を見てみよう

比熱の考え方は、諸君も中学や高校で学んできたからよく知っているだろう。1g あたりの物体の温度を **1K** 上昇させるために必要なエネルギー (単位は **J**) を比熱と呼んでいる。比熱は物質固有の量で、物質によって異なった値を

	比熱 (J/g·K)	原子量	モル比熱 (J/mol·K)
銅	0.385	63.5	24.4
アルミ	0.896	27.0	24.2
鉄	0.450	55.8	25.1

$3R = 24.9$ J/mol·K

図 3.11 代表的な金属の比熱とモル比熱

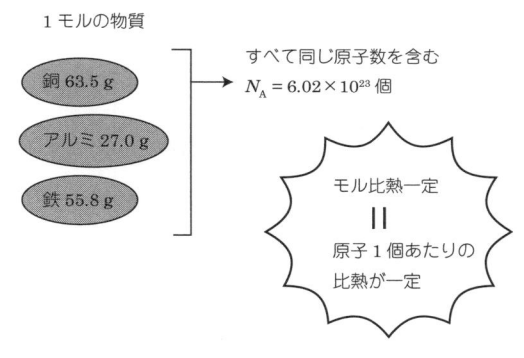

1 モルの物質

銅 63.5 g
アルミ 27.0 g
鉄 55.8 g

すべて同じ原子数を含む
$N_A = 6.02 \times 10^{23}$ 個

モル比熱一定
=
原子 1 個あたりの比熱が一定

図 3.12 モル比熱の考え方

とる。逆に比熱を実験で測定することによって、物質を特定することも可能だ。図 3.11 は代表的な金属の 25 ℃ における比熱のデータを表にしたものだ。金属によって比熱が大きく異なっていることに気がつくだろう。

しかし、1g あたりの物質の比熱を考えることは、人間が測定を行うときには簡便な方法だが、「1g あたり」というのはかなり人為的に決めたものである。もっと自然な単位量は、化学でよく用いる 1 モル (mol) という単位だ。これは物質の原子がアボガドロ数 $N_A (= 6.02 \times 10^{23})$ 個となる物質量を指す。各元素の 1 モルあたりの質量はその原子量にグラムをつけたものに等しい (ゆえに原子量の単位は g/mol である)。例えば、表にある元素では、銅・アルミ・鉄の 1 モルあたりの質量はそれぞれ 63.5g, 27.0g, 55.8g である。これらの量の銅・アルミ・鉄を集めて熱容量を測ったものが、モル比熱である

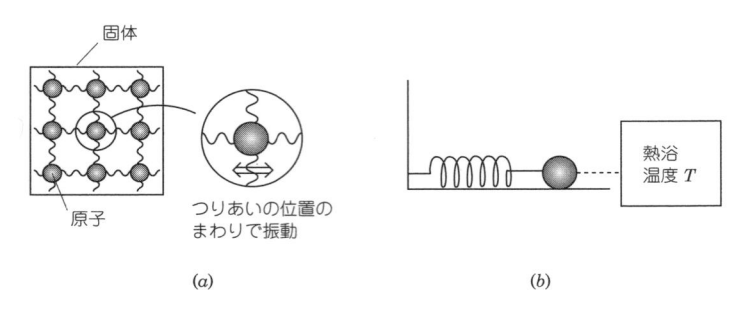

図 3.13 (a) 固体中の原子の構造 (b) バネの模型 (アインシュタイン模型)

(図 3.12)。通常の比熱のデータから、モル比熱を計算するのは簡単だ。例えば銅であれば、比熱の数値に原子量である 63.5 をかければよい。そうすると、$0.385 \mathrm{J/g \cdot K} \times 63.5 \mathrm{g/mol} = 24.4 \mathrm{J/mol \cdot K}$ となる。このように計算したモル比熱も、図 3.11 にまとめてある。

さて、表を見てすぐわかるように、不思議なことに固体のモル比熱は物質の種類によらずほぼ一定の値をとっていて、なおかつ気体定数 $R(= 8.31 \mathrm{J/mol \cdot K})$ の 3 倍に近い値をとる。これは際立った性質だ！ なぜこんなことが起こるのだろうか。図 3.12 を見てほしい。それぞれの物質 1 モルには、同じ数の原子が含まれているから、モル比熱がほぼ $3R$ で一定であるということは、「**単位原子あたりの熱容量がほぼ $3R/N_\mathrm{A} = 3k_\mathrm{B}$ で等しい**」ということを意味するのだ (ボルツマン定数の定義 $k_\mathrm{B} = R/N_\mathrm{A}$ に注意)。このことから、**固体の比熱は原子の運動と関係がある**と考えるのは、ごく自然なことといえるだろう。原子の運動から比熱を説明したいのだが、ミクロな情報 (原子の情報) から出発して、比熱というマクロな情報を計算する手段が必要となる。これはまさに統計力学の最も得意とすることである。さっそく取り扱ってみよう。

3.8 固体原子の振動モデル

固体の持つエネルギーはどこが担っているか？ 結論を先にいってしまえば、**物質を構成している原子の振動のエネルギーが担っている**。よって、こ

れから物質中の原子の振動に着目することにしよう。図 3.13 (a) に物質中の原子の様子を模式的にかいてある。固体中の原子にはつりあいの位置があって、原子はつりあいの位置にあれば静止しつづけることができる。しかし、実際には原子はつりあいの位置を中心として振動運動をしている。この原子振動を取り扱うときは、原子と原子の間にバネがおかれている様子をイメージするとよい。もちろん、実際に原子間にバネなど存在しないのだが、「安定の位置からずれたら元の位置にもどろうとする復元力が働く」ことによって振動しているので、バネがあるのと同じ運動が生じるのである。

さて、ここで思い切ったことを考えよう。固体中の 1 個の原子をとりだしてきて、それを図 3.13 (b) のように、バネに繋がれた 1 個の質点のモデルに置き換えてしまう。さらに、このように取り出してきた原子は、まわりの原子とエネルギーのやりとりをすると考えられるので、まわりの原子を熱浴と見なしてしまおう。この熱浴の温度を T とする。固体の原子振動をここまで簡単化してしまったのだが、このような簡単化をはじめて行ったのは、かの有名なアインシュタインだ。そういうわけで、このバネの模型は**アインシュタイン模型**と呼ばれている。

さて、バネの模型に置き換えてしまったのはよいが、この模型を普通の力学で解いてはいけない。原子のようなミクロの世界を記述するには、「量子力学」を使わないといけないのである。量子力学は我々の常識が通用しないような物理法則がいろいろでてくるから、理解するのは一筋縄にはいかない。しかしありがたいことに、統計力学では次の一点だけを了解してもらえれば十分なのだ。

エネルギーの離散性　系はとびとびのエネルギーの値しかとらない

すでに諸君は、このことを水素原子のボーア模型を学んだかも知れない。水素の原子核のまわりを回っている電子は、とびとびの軌道しかとりえず、エネルギーもとびとびの値しかとらないのだが、これはエネルギーの離散性の例となっている。とびとびのエネルギー状態の一つ一つを**「エネルギー準位」**と

呼ぶ。なぜエネルギーに離散性が現れるのか？　詳しいことは量子力学の教科書を見てほしいのだが、一言でいって「電子が波としての性質を持つ」からである。原子が安定に存在するためには、原子核を回っている電子を波として考え、「定常波ができるための条件」を満たさなくてはいけないのである。諸君はすでに「ギターの弦」や「笛」などで、定常波の性質を知っているだろう。定常波ができるための振動数条件はとびとびであったはずだ。原子の世界でも定常波の振動数がとびとびであることに対応して、系の持つエネルギーもとびとびになるのである。

さて、バネにつながれた質点系にもどってみよう。この系のエネルギーは量子力学によってやはりとびとびのエネルギー値しかとりえない。本当はシュレーディンガー方程式というけったいな方程式を解かないと、この結果がえられないのだが、統計力学の授業では結果だけ使わせてもらおう。量子力学の計算によれば、系のエネルギーは

$$E_n = \hbar\omega_0 \left(n + \frac{1}{2}\right) \quad (n = 0, 1, 2, 3, \cdots)$$

となることが知られている。ここで、$\hbar = h/2\pi$ はプランク定数 h を 2π で割ったもので、ω_0 はバネの角振動数だ。ω_0 は隣の原子との結合の強さと原子質量によって決まり、物質の種類によって異なった値をとる。

以上の量子力学の結果があれば、統計力学で必要な情報はすべて出そろったことになる。あとは前の節でやった正準統計の方法を使って、さっそく固体の比熱の振る舞いを解析することにしよう。諸君もぜひここで、紙と鉛筆を用意して、実際に計算を確かめながら進んでいってほしい。

まず、バネにつながれた 1 個の質点を考えよう。この系のエネルギー準位は

$$E_n = \hbar\omega_0 \left(n + \frac{1}{2}\right) \quad (n = 0, 1, 2, 3, \cdots)$$

と与えられている。ここで分配関数 Z_1 を計算し、次にエネルギー期待値 E_1 を求めてみよう。分配関数は、定義より

$$Z_1 = \sum_{n=0}^{\infty} e^{-\beta E_n} = \sum_{n=0}^{\infty} e^{-\beta\hbar\omega_0(n+1/2)}$$

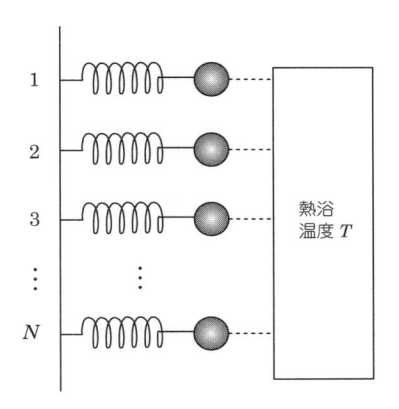

図 3.14 N 個のバネにつながれた質点の模型

となる。この式に現れる無限和であるが、これは初項 $e^{-\beta\hbar\omega_0/2}$, 公比 $e^{-\beta\hbar\omega_0}$ の等比級数の和であることに注意しよう。等比級数の公式 (初項 a, 公比 r の等比級数の和は $a/(1-r)$) を使って、分配関数 Z_1 は、

$$Z_1 = \frac{e^{-\beta\hbar\omega_0/2}}{1-e^{-\beta\hbar\omega_0}}$$

と計算される。ちなみに公式を使うときは公比が 1 より小さくないといけないが、今の場合、公比 $e^{-\beta\hbar\omega_0}$ は常に 1 より小さいので大丈夫だ。

次にエネルギー期待値公式 $E_1 = -\dfrac{\partial}{\partial\beta}(\log Z_1)$ を使って E_1 を計算しよう。分配関数の対数が

$$\log Z_1 = -\frac{\beta\hbar\omega_0}{2} - \log(1-e^{-\beta\hbar\omega_0})$$

と計算されるので、エネルギー E_1 は

$$\begin{aligned}E_1 &= -\frac{\partial}{\partial\beta}\left(-\frac{\beta\hbar\omega_0}{2} - \log\left(1-e^{-\beta\hbar\omega_0}\right)\right) \\ &= \frac{\hbar\omega_0}{2} + \frac{\hbar\omega_0 e^{-\beta\hbar\omega_0}}{1-e^{-\beta\hbar\omega_0}} = \frac{\hbar\omega_0}{2} + \frac{\hbar\omega_0}{e^{\beta\hbar\omega_0}-1}\end{aligned}$$

と計算できる。

次に互いに独立な質点が N 個あるときを考えよう (これは N 個の原子からなる固体の模型に対応する)。各質点は温度 T の熱浴と結合していると考える (図 3.14)。質点は互いに独立なので、分配関数の合成公式によって、全系の分配関数 Z は、質点が 1 個のときの分配関数 Z_1 を単に N 乗すればよい。

$$Z = Z_1^N$$

すでに質点が 1 個ある場合の分配関数 Z_1 はすでに計算されているので、その結果を代入すると、

$$Z = \left(\frac{e^{-\beta\hbar\omega_0/2}}{1 - e^{-\beta\hbar\omega_0}} \right)^N$$

となる。次にエネルギー期待値公式 $E = -\frac{\partial}{\partial \beta}(\log Z)$ をつかって、全エネルギーの期待値 E を計算してみよう。分配関数 Z の対数が

$$\log Z = N \log \left(\frac{e^{-\beta\hbar\omega_0/2}}{1 - e^{-\beta\hbar\omega_0}} \right)$$

と計算されるが、質点が 1 個のときの計算と比べると、前に N がついていることだけ異なる。よって、質点が 1 個のときの計算とほとんど同じ計算によって、

$$E = N \left(\frac{\hbar\omega_0}{2} + \frac{\hbar\omega_0}{e^{\beta\hbar\omega_0} - 1} \right)$$

が得られる。これで、N 個の原子からなる固体のエネルギーが、温度 T の関数として求まったことになる。

3.9 固体の比熱の振る舞い

これですべての物理量がもとまったので、あらためて固体の比熱を議論してみよう。N 原子からなる固体のエネルギーが、バネの模型 (アインシュタイン模型) で記述できるとする。固体の熱容量 C は、温度を 1K 上昇させるのに必要なエネルギーであるが、エネルギー E を温度 T で微分したもの、つまり

$$C = \frac{dE}{dT}$$

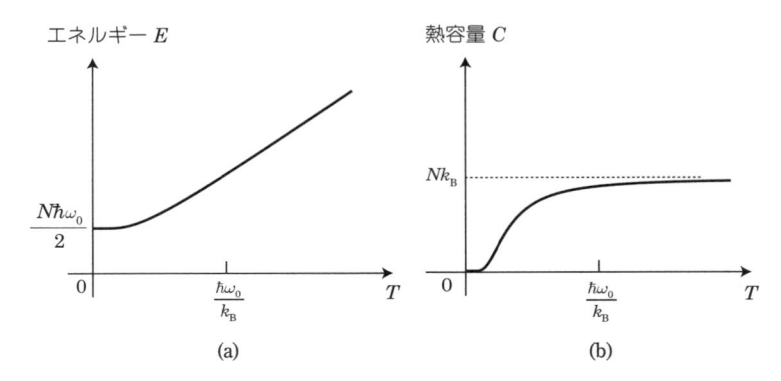

図 3.15 (a) 固体の持つエネルギー E、(b) 固体の熱容量 C

で計算される (固体の体積は一定であるとし、固体になされる仕事は無視できるとする)。ここで、熱容量が微分として定義されていることに注意しよう。高校までは比熱は一定のものだとして考えていたが、これはエネルギーが温度の一次関数になっているときだけであり、一般には比熱は温度に依存してもいいのだ。ということで、エネルギー $E = E(T)$ が温度の関数としてどのように振る舞うかがわかれば、熱容量 C はその導関数として求められることになる。

さきほど求められたエネルギー期待値

$$E(T) = \frac{N\hbar\omega_0}{2} + \frac{N\hbar\omega_0}{e^{\beta\hbar\omega_0} - 1}$$

の振る舞いを調べておこう。まず高温領域 ($k_B T \gg \hbar\omega_0$) ではエネルギー $E(T)$ の式の中に含まれる $e^{\hbar\omega_0/k_B T}$ の指数は十分小さいので、一次近似 $e^x \approx 1 + x (x \ll 1)$ が使える。よって、高温領域 ($k_B T \gg \hbar\omega_0$) では、

$$E(T) \approx \frac{N\hbar\omega_0}{2} + \frac{N\hbar\omega_0}{1 + \hbar\omega_0/k_B T - 1}$$
$$\approx Nk_B T$$

となる。一方、低温領域 ($k_B T \ll \hbar\omega_0$) では、$e^{\hbar\omega_0/k_B T}$ が非常に大きくなるので、$E(T)$ の式の第二項の分母の部分が $e^{\hbar\omega_0/k_B T} - 1 \approx e^{\hbar\omega_0/k_B T}$ と近似できる。よって

$$E(T) \approx \frac{N\hbar\omega_0}{2} + N\hbar\omega_0 e^{-\hbar\omega_0/k_B T}$$

となる。温度を絶対零度に近づけていく $(T \to 0)$ と、指数関数の肩が $-\hbar\omega_0/k_B T \to -\infty$ と振る舞い、その結果エネルギーの式の第二項は指数関数的に小さくなって 0 に近づいていき、絶対零度では $E(T = 0) = N\hbar\omega_0/2$ と一定値になる。以上の解析を踏まえて、$E = E(T)$ のグラフをかくと、図 3.15(a) のようになる。

次に熱容量を考えよう。熱容量は $E(T)$ を T で微分すると得られる。さきほど求めた高温領域でのエネルギーが $E \approx N k_B T$ となっているから、熱容量はこれを T で微分して

$$C(T) = N k_B = (\text{一定値})$$

となる。固体の比熱は高温領域では温度によらず一定になるのだ！ 一方、低温領域ではエネルギーが $E = N\hbar\omega_0/2$ とほぼ一定値をとるので、熱容量は $C = dE/dT = 0$ となる。以上の特徴を踏まえながら、熱容量の温度依存性をグラフにすると図 3.15(b) のようになる。そして、実際に固体の熱容量を測定してみると、このようなグラフになるのだ！ つまり熱容量は高温でほぼ一定の値をとるが、温度が $T_0 = \hbar\omega_0/k_B$ よりも小さくなると急速に減少していき、十分低温では比熱がほぼゼロになってしまうのである。T_0 は物質によって異なるが、図 3.11 に示した金属では $100K$ 前後である。つまり、室温付近 ($300K$) では固体の熱容量はほぼ一定値になっているのだ。

さて、室温付近でモル比熱の値はどうなっているだろうか。モル比熱は 1 モルの物質 ($=6.02 \times 10^{23}$ 個の原子) の熱容量に他ならないから、N をアボガドロ数 N_A に置き換えれてやればよい。このときの熱容量は、$C = N_A k_B = R$ と計算される (ボルツマン定数の定義が $k_B = R/N_A$ であることに注意)。よって、このバネを使った模型では、固体のモル比熱は R となってしまう。最初のほうで述べたように、多くの物質でモル比熱は $3R$ となっているので、この模型は実験結果を再現しないように見える。**いったい何が悪かったのか?**

もう一度、模型の出発点から考え直してみよう。固体のエネルギーは、ほどんど原子振動のエネルギーが担っていることはすでに議論した。この原子振

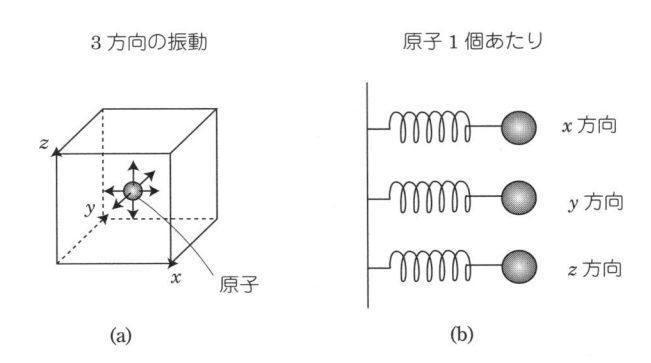

図 3.16 (a) 現実の固体中の原子振動、(b) 原子 1 個を記述するために必要なバネの模型

動をバネによって表現しているわけだが、**ここに一つ問題がある**。それはここで扱ったバネの模型では、原子が**「一方向にしか」**振動しないのである。バネの振動方向を x 方向とすれば、これは原子の x 方向の振動しか考慮していないことになるのだ。しかし現実の原子は図 3.16(a) のように、x, y, z の 3 方向に振動しているので、この **3 方向の振動を取り扱わないといけない**。この原子の 3 方向の振動を考えるには、図 3.16 にあるように原子 1 個につき、3 個のバネにつながれた質点を考えればよい。こうすると、模型で出てくるバネと質点の総数は N 個ではなく、$3N$ 個に置き換えられる。このとき、高温側のモル比熱は

$$C = 3N_A k_B = 3R$$

と修正されて、見事に実験結果を説明するのである。ということで、「固体のモル比熱が $3R$ である」という結果の「3」というのは、原子が 3 方向に動けるということであり、要するに我々が住んでいる世界が三次元であるということを意味しているのだ。だから、もし諸君が異次元人にさらわれて、異次元空間に連れ去られてしまったとしたら、**まっさきにモル比熱を測定することをオススメする**。モル比熱が R の何倍になっているかを確かめれば、そこが何次元の空間かがわかるはずなのだ！

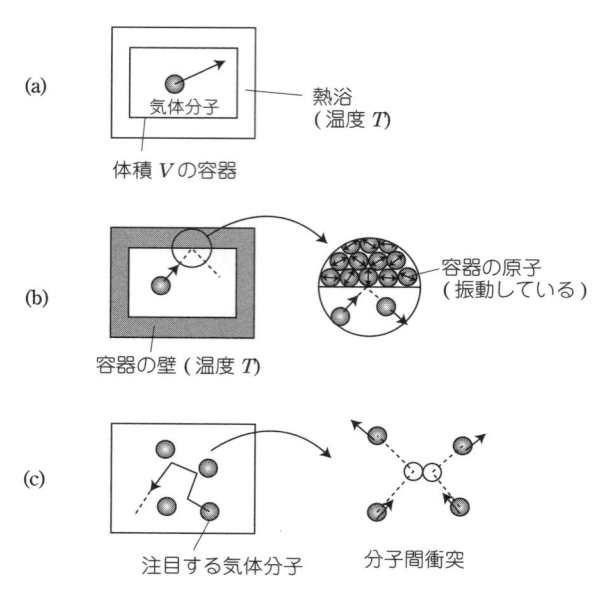

図 3.17 (a) 1 個の気体分子と熱浴、(b) 壁が熱浴としての役割を果たす場合、(c) 他の分子が熱浴の役割を果たす場合

3.10　理想気体：準備運動

　正準統計の方法には、そろそろ慣れたかな？　諸君には、これからもう一つの問題に取り組んでもらう。それは、高校の物理でさんざんやらされる理想気体だ。理想気体の問題は、統計力学でも格別に重要な問題である。理想気体の計算をきちんと理解することは、統計力学を学ぶ上で必要不可欠なのだ。

　理想気体を考えることは、別の意味でも重要である。高校のとき、気体分子運動論をつかって「1 個の気体分子の持つ運動エネルギー」や「状態方程式」を導いたことを覚えているだろうか。これらの有名な結果を、今から統計力学で再導出するのだ。これは、「統計力学がうまくいっているかどうかのチェック」にもなっている。さらに、統計力学での導出の仕方は、高校のときのやり

方と決定的に異なっていることもはっきりするだろう。正直言って、高校のときのやり方とあまりに違うから、統計力学の計算をしていると「なんでこんな計算で正しい答えがでるのか」と疑問に思うくらいである。でも、結果的になぜかうまくいってしまっているから、不思議である。

　余談はともかく、さっそくセットアップから説明しよう。図3.17(a)のように、体積 V の容器の中を運動する質量 m の1個の単原子分子を考える。この気体分子は温度 T の熱浴と結合しており、気体分子と熱浴の間でエネルギーのやりとりがあるものとする。この状況設定は一見やや人工的に見えるが、ちゃんと現実に起こっていることをうまく抽出した模型になっている。例えば、気体分子1個が容器の壁と衝突しながら運動しているとしよう (図3.17(b))。壁が温度 T に保たれているとすると、壁を構成している原子は温度 T の大きさに応じた激しさで振動する。つまり温度が大きくなるほど原子の振動は激しくなっていくのだ。この壁に気体分子が衝突すると、ある場合には壁からエネルギーをもらって気体分子の速さは大きくなるだろうし、ある場合には壁にエネルギーを与えて気体分子の速さは小さくなる。これをくりかえしていくと、結局この気体分子は熱浴と結合しているのと同じ状況になる。つまり壁が熱浴の役割を果たすのだ。

　別の見方をすることもできる。多数の気体分子が入れられた容器を考えてみよう (図3.17(c))。このときには、気体分子同士は頻繁に衝突しながら運動を行っている。ある1個の分子に注目すると、この分子は他の分子と常に衝突を繰り返して動いていくことになる。そうすると、衝突のたびに分子の速さは大きくなったり小さくなったりする。気体分子全体が温度 T で保たれていたとすれば、注目している分子にとって他の分子が温度 T の熱浴の役割を果たすことになり、やはり1個の気体分子が熱浴と結合している状況と同じになる。

　というわけで、これから熱浴と結合した1個の気体分子を、正準統計の方法によって取り扱っていく。しかし、気体分子の計算はこれまでの計算と少し違って、取り扱うには少し準備が必要になる。まぁ、あわてずに一歩一歩進むことにしよう。

3.11 理想気体：分配関数の定式化

これから、温度 T の熱浴にいれられた 1 個の単原子分子の問題を考えたいのだが、正準統計ではまっさきに分配関数を計算しにいくことになる。しかし、分配関数の計算方法がこれまでとひと味違うので注意が必要だ。以下で、必要となる計算手法を一つ一つ説明していこう。

まず、1 個の気体分子の状態をどのように指定するかが問題である。今、容器内の気体分子 1 個が持つエネルギーは運動エネルギーだけであり、

$$E = \frac{1}{2}m(v_x^2 + v_y^2 + v_z^2)$$

とかける。ここで $\vec{v} = (v_x, v_y, v_z)$ は分子の速度だ。高校の物理では、速度だけでエネルギーを表すのだが、実は「速度を運動量で書き直したほうがいい」ということが知られている。理由はいろいろあるが、一番の理由はミクロの世界を記述する量子力学では「粒子の速度」がうまく定義できないからである (代わりに「粒子の運動量」はうまく定義できる)。ま、ここでは、「**エネルギーは運動量でかいておくのが、物理学の作法なんだ**」くらいに思っておいてほしい。分子の速度の代わりに運動量 $\vec{p} = m\vec{v}$ を使ってエネルギーをかき直すと

$$E = \frac{p_x^2 + p_y^2 + p_z^2}{2m}$$

となる。エネルギーは運動量によって決まっているから、それを強調してかくときは、$E = E(p_x, p_y, p_z)$ とかくことにしよう。これが計算の出発点となる。

次は分配関数だ。分配関数の定義は、

$$Z = \sum_n e^{-\beta E_n}$$

で与えられていた。ここで n は系のとりうる可能な状態で、E_n はその状態でのエネルギーである。量子系では E_n はとびとびの値を持っていたことに注意しよう。さて、気体分子の分配関数はどうなるか。今、気体分子の状態は、分子の位置 (x, y, z) と運動量 (p_x, p_y, p_z) で指定することができるから、「気持ちとしては」

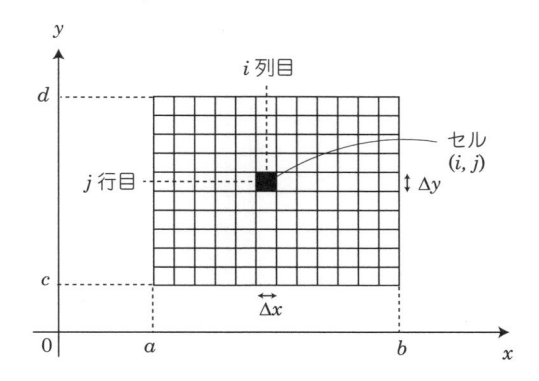

図 3.18 二次元平面上での重積分

$$Z = \sum_{x,y,z} \sum_{p_x,p_y,p_z} e^{-\beta E(p_x, p_y, p_z)}$$

と書きたいところである。しかし、**位置も運動量もともに連続的な値をとるから、和をどうやってとってよいかわからないでないか。**

　この困難は意外かも知れないが、「量子力学」がうまい解答を与えてくれる。「エネルギーの値はとびとびの値をとる」という量子力学の結論が、この困難を解決してしまうのだ。そもそも、「位置や運動量などの連続的な変数で分子の状態が記述できる」ということ自体、量子力学では許されないことだ。なぜか？　**「位置と運動量を同時に決定することはできない」**というハイゼンベルクの不確定性原理を破ってしまうからである。

　以上の理由から、本当は量子力学をバリバリ使って気体分子の状態を計算しないとダメである。実際にそれをやってみせることも可能なのだが、計算が煩雑になるから、諸君を混乱に陥れてしまうのがオチである。そういう計算は他の統計力学の教科書にまかせるとして、この授業では厳密ではないが正しい答を与える簡便法を採用することにしよう。この簡便法にも量子力学のエッセンスがつまっているので、感じはつかむことができると思う。まず、分子の位置や運動量は連続な値をとらず、とびとびの値をとっているものとしてしまう。このとき、さきほどかいた「分配関数の気持ちの式」

$$Z = \sum_{x,y,z} \sum_{p_x,p_y,p_z} e^{-\beta E}$$

がそのまま使えてしまうのだ。ただし、「どのようにとびとびの値をとっているのか」ということをきちんと定義しておく必要がある。

まず $\sum_{x,y,z}$ からはじめよう。三次元空間をいきなり考えるのは難しいから、二次元空間をまず考えて、$\sum_{x,y}$ の意味を考えることにしよう。図 3.18 のような二次元の容器を考え、その内部の空間を分割して細かい領域に分割する。このようにしてできた小さな長方形を、これから簡単のため「セル」と呼ぶことにしよう (「セル」というのは細胞という意味だが、この授業だけの特別な用語だ)。今から 1 個の分子の位置を離散的な状態で指定したいのだが、それは**「分子がどのセルにいるか」**で指定すればよい。もう少し数学的にちゃんと定義するために、二次元の容器が長方形 ($a \leq x \leq b, c \leq y \leq d$) で定義されるとし、$x$ 方向および y 方向を M 個に等分割したとしよう (図 3.18)。このとき、横 $\Delta x = (b-a)/M$、縦 $\Delta y = (d-c)/M$ の小さな長方形がセルとなる。x 方向の i 番目、y 方向の j 番目で指定されるセルを (i,j) と表すとすると、分子がこの領域にいたとき「分子の位置はセル (i,j) にある」とすれば、分子の位置をとびとびの値で指定できたことになる。今、位置 (x,y) の関数 $f(x,y)$ があったとき、分子の位置についての和は、

$$\sum_{x,y} f(x,y) \equiv \sum_i \sum_j f(x_i, y_j)$$

と明確にかける。ここで (x_i, y_j) はセル (i,j) 内の適当な点である。まだ、この式だと (x_i, y_j) の取り方によって和の値がいろいろ変わってしまうのだが、領域の分割数を上げて、分割幅 $\Delta x, \Delta y$ を小さくし、セルの大きさをどんどん小さくしていくと、ある一定の値に収束するようになる。この極限値は、実は多変数関数の微積分で出てくる「重積分の定義」と関係する。重積分の定義は、

$$\lim_{\Delta x \to 0, \Delta y \to 0} \sum_i \sum_j f(x_i, y_j) \Delta x \Delta y = \int f(x,y) \mathrm{d}x \mathrm{d}y$$

で与えられるので、セルについての和は

$$\sum_i \sum_j f(x_i, y_j) = \frac{1}{\Delta x \Delta y} \sum_i \sum_j f(x_i, y_j) \Delta x \Delta y$$

$$\approx \frac{1}{\Delta x \Delta y} \int f(x,y) \mathrm{d}x \mathrm{d}y$$

という値に収束する。ここで、セルの面積 $\Delta x \Delta y$ は十分に小さいのであるが、ゼロにはなっていないとしている。ちょっとずるいが、近似としては十分有効に働いてくれる。

以上のことは三次元にも簡単に拡張できて、

$$\sum_{x,y,z} (\cdots) \to \frac{1}{\Delta x \Delta y \Delta z} \int (\cdots) \mathrm{d}x \mathrm{d}y \mathrm{d}z$$

という置き換えをすればいいことがわかる。同様に運動量のほうも、運動量空間を分割することを考えれば、

$$\sum_{p_x,p_y,p_z} (\cdots) \to \frac{1}{\Delta p_x \Delta p_y \Delta p_z} \int (\cdots) \mathrm{d}p_x \mathrm{d}p_y \mathrm{d}p_z$$

となる。ただし、$\Delta p_x, \Delta p_y, \Delta p_z$ は分割の幅である。最終的に分配関数は

$$Z = \frac{1}{\Delta x \Delta y \Delta z} \int \mathrm{d}x \mathrm{d}y \mathrm{d}z \frac{1}{\Delta p_x \Delta p_y \Delta p_z} \int \mathrm{d}p_x \mathrm{d}p_y \mathrm{d}p_z e^{-\beta E(p_x,p_y,p_z)}$$

と重積分でかけることになる。

残った問題は Δx などの分割幅である。分配関数を議論するときには、Δx や Δp_x は十分小さい値である必要があるが、ある程度小さければどのような値をとっても構わない。しかし、その積はハイゼンベルクの不確定性原理によって規定されてしまっていて、$\Delta x \Delta p_x = h$ を満たさなければいけないのだ (h はプランク定数である)。同様に $\Delta y \Delta p_y = \Delta z \Delta p_z = h$ である。よって分配関数に表れる分割幅は、$\Delta x \Delta y \Delta z \Delta p_x \Delta p_y \Delta p_z = h^3$ を使ってプランク定数だけでかける。これは 6 次元の空間 (x,y,z,p_x,p_y,p_z) 中で状態数を勘定するために、小さな超体積要素 $\Delta x \Delta y \Delta z \Delta p_x \Delta p_y \Delta p_z (= h^3)$ を単位して考えていることに対応する。よって、分配関数は

$$Z = \frac{1}{h^3} \int \mathrm{d}x \mathrm{d}y \mathrm{d}z \int \mathrm{d}p_x \mathrm{d}p_y \mathrm{d}p_z e^{-\beta E(p_x,p_y,p_z)}$$

と表される。これで当初の目的だった「1 個の気体分子の分配関数」が定式化されたことになる。

なお、ここまでの計算でうすうす感づいたかも知れないが、この表式はあくまで近似表式だ。でも理想気体の問題のときは、ありがたいことにこの近似表式が厳密になってくれる。あとはこの分配関数を計算していくだけなのだが、そのときに重積分の計算が必要になる。この節の残りで、重積分の計算方法をざっと説明しておこう。

例として二次元の積分を考えよう。積分領域が図 3.18 の長方形 ($a \leq x \leq b$, $c \leq y \leq d$) で与えられるとき、重積分の値は、

$$\int_{長方形\ a\leq x\leq b, c\leq y\leq d} f(x,y) \mathrm{d}x\mathrm{d}y = \int_a^b \mathrm{d}x \left(\int_c^d \mathrm{d}y\ f(x,y) \right)$$

と「二重の定積分」を実行すれば計算できる。ほとんどの重積分の計算はこれを使えばいいだけだ。さらに $f(x,y) = g(x)h(y)$ のとき

$$\int_{長方形\ a\leq x\leq b, c\leq y\leq d} g(x)h(y) \mathrm{d}x\mathrm{d}y = \left(\int_a^b \mathrm{d}x\ g(x) \right) \times \left(\int_c^d \mathrm{d}y\ h(y) \right)$$

と x, y でそれぞれ積分すればよい。三次元以上も同様のことが成り立つ。ちなみにこれらを使えば、$f(x,y) = 1$ としたとき

$$\int_{長方形\ a\leq x\leq b, c\leq y\leq d} \mathrm{d}x\mathrm{d}y\ 1 = (b-a)(d-c) = (長方形の面積)$$

となることがすぐに確かめられるだろう。これはもともとの重積分の定義にもどれば、「セルの面積の和=積分領域の面積」だから当然の結論だとわかるだろう。ちなみに $\sum_{x,y} 1$ という量は「セルの数」を与えるはずだが、積分を使って評価していくと、

$$\sum_{x,y} 1 \to \frac{1}{\Delta x \Delta y} \int 1\ \mathrm{d}x\mathrm{d}y = \frac{(b-a)(d-c)}{\Delta x \Delta y}$$

となるから、たしかにそうなっていることがわかる。

3.12 理想気体：いよいよ計算

ここまでくれば、このあとは諸君の力で計算を進めることができるはずだ。ぜひ、紙と鉛筆を用意して、以下の手順で計算をやってみてほしい。

すでに述べたように、体積 V の直方体の容器に入れられた単原子分子 1 個の分配関数は

$$Z_1 = \frac{1}{h^3} \int \mathrm{d}x \mathrm{d}y \mathrm{d}z \int \mathrm{d}p_x \mathrm{d}p_y \mathrm{d}p_z e^{-\beta E(p_x, p_y, p_z)}$$
$$E = \frac{p_x^2 + p_y^2 + p_z^2}{2m}$$

でかける。この重積分を実行すれば、分配関数 Z_1 が計算できるはずだ。さらにエネルギー期待値公式から、気体分子 1 個あたりのエネルギーが計算できるはずである。できるかな?

まず位置の積分から手をつける。ここからは単に容器の体積がでてくる。

$$\int_{容器内} 1 \, \mathrm{d}x\mathrm{d}y\mathrm{d}z = V$$

残りの積分は、$e^{-\beta(p_x^2+p_y^2+p_z^2)/2m} = e^{-\beta p_x^2/2m} e^{-\beta p_y^2/2m} e^{-\beta p_z^2/2m}$ に気をつけると、

$$Z_1 = \frac{V}{h^3} \int_{-\infty}^{\infty} \mathrm{d}p_x \, e^{-\beta p_x^2/2m} \times \int_{-\infty}^{\infty} \mathrm{d}p_y \, e^{-\beta p_y^2/2m} \times \int_{-\infty}^{\infty} \mathrm{d}p_z \, e^{-\beta p_z^2/2m}$$

と変形できる。積分公式

$$\int_{-\infty}^{\infty} e^{-ax^2} \mathrm{d}x = \sqrt{\frac{\pi}{a}}$$

を用いると、p_x に関する積分は、

$$\int_{-\infty}^{\infty} \mathrm{d}p_x \, e^{-\beta p_x^2/2m} = \sqrt{\frac{2\pi m}{\beta}}$$

となる。p_y, p_z の積分も同じようにできて、結局、分配関数は

$$Z_1 = \frac{V}{h^3} \left(\frac{2\pi m}{\beta}\right)^{3/2}$$

と計算される。

次に、分配関数 Z_1 から、エネルギー期待値公式 $E_1 = -\frac{\partial}{\partial \beta}(\log Z)$ を使って、エネルギー E_1 を計算しよう。分配関数の対数が、

$$\log Z_1 = \log \frac{V}{h^3} + \frac{3}{2}\log(2\pi m) - \frac{3}{2}\log \beta$$

と計算されるので、

$$E_1 = -\frac{\partial}{\partial \beta}\left(\log \frac{V}{h^3} + \frac{3}{2}\log(2\pi m) - \frac{3}{2}\log \beta\right)$$
$$= \frac{3}{2\beta} = \frac{3}{2}k_{\mathrm{B}}T$$

が得られる。やっと高校の物理でおなじみの結果がでてきたな。つまり、「統計力学は単原子分子理想気体の一分子あたりのエネルギーを正しく再現する」ことが確かめられた。

次に単原子分子気体が N 個ある場合を考えよう。実はここも、これまでと少し計算方法が異なる。N 個の気体分子があるときの分配関数 Z は、独立粒子の分配関数公式より $Z = Z_1^N$ と計算される、と普通は期待するのだが、これは正しくない。このようにして計算した分配関数は、エネルギーの期待値を計算する分には正しい答えを与えるのだが、次の章で計算する自由エネルギーの計算結果が、実験と合わなくなるのだ。統計力学を作った昔の科学者たちは、苦心惨憺の末、以下のように分配関数を計算すれば、よいことを見いだした。

$$Z = \frac{Z_1^N}{N!}$$

ここで $N!$ で割ってあるのがミソである。今のところは「$N!$ で割るのは**何かのおまじない**」と思ってもらっても構わないのだが、それでは気になってしょうがないだろうから、簡単に $N!$ で割る意味を説明しよう (後の章でもう少し詳しく説明する)。

まず、もともと独立粒子の分配関数公式 $Z = Z_1^N$ では、「**すべての粒子が区別できる**」という仮定のもとで導いた公式である。しかし実は、「**気体分子は互いに区別できない**」と考えないと正しい結果が得られないのだ。もし仮に粒子が区別できるとして状態を数えると、それは数えすぎていることになる。どれくらい数えすぎているか。1 個の気体分子の位置ベクトルを $\boldsymbol{x} = (x, y, z)$、運動量ベクトルを $\boldsymbol{p} = (p_x, p_y, p_z)$ とかくことにしよう。さらに、i 番目の気体分子の状態は分子の位置と運動量の組合せできまるが、これを $(\boldsymbol{x}_i, \boldsymbol{p}_i)$ とまとめてかくことにしよう。粒子が 3 個のときは、すべての粒子が互いに区別できるとすると、

$$Z = \sum_{(\boldsymbol{x}_1, \boldsymbol{p}_1)} \sum_{(\boldsymbol{x}_2, \boldsymbol{p}_2)} \sum_{(\boldsymbol{x}_3, \boldsymbol{p}_3)} e^{-\beta E}$$

でよくて、これを計算していくと $Z = Z_1^3$ になる。しかし「粒子 1 が $(\boldsymbol{x}_1, \boldsymbol{p}_1)$ の状態にあり、粒子 2 が $(\boldsymbol{x}_2, \boldsymbol{p}_2)$ に、粒子 3 が $(\boldsymbol{x}_3, \boldsymbol{p}_3)$ にある」という状態と、「粒子 1 が $(\boldsymbol{x}_3, \boldsymbol{p}_3)$ に、粒子 2 が $(\boldsymbol{x}_1, \boldsymbol{p}_1)$ に、粒子 3 が $(\boldsymbol{x}_2, \boldsymbol{p}_2)$ にある」という状態は、気体分子が区別できないのであれば全く同じ状態である。このような同じ状態は何通りあるかというと、気体分子の状態を $(\boldsymbol{x}_1, \boldsymbol{p}_1)$, $(\boldsymbol{x}_2, \boldsymbol{p}_2)$, $(\boldsymbol{x}_3, \boldsymbol{p}_3)$ と三つ用意したとき、どの状態にどの気体分子をおくかに関する場合の数だけある。今の場合は $3! = 6$ 通りだな。これだけ余計に勘定してしまっているから、$3!$ でわっておかなくてはいけないので、分配関数は正しくは $Z = Z_1^3/3!$ となる。同様にして、N 個の粒子の場合には $N!$ 通り余計に勘定するから、

$$Z = Z_1^N/N!$$

が正しい分配関数の表式になるのだ。ちなみに先ほどの固体の比熱のときには、$1/N!$ の因子をつけなかったが、これは固体では原子の位置が固定されていて、その位置によって原子を区別することができるからである。

さて、これで気体分子が N 個ある場合の分配関数が計算できたので、エネルギーの期待値を計算していこう。$1/N!$ 因子をつけた分配関数の合成公式より、

$$\log Z = \log(Z_1^N/N!) = N \log Z_1 - \log N!$$

となるので、エネルギー期待値公式を用いると、

$$E = -\frac{\partial}{\partial \beta}(\log Z) = -\frac{\partial}{\partial \beta}(N \log Z_1 - \log N!)$$

となる。ここで N は温度によらない定数であることに注意すると、

$$E = N \times \left(-\frac{\partial}{\partial \beta}(\log Z_1)\right)$$

となり、確かに 1 分子あたりのエネルギーを N 倍したものになる。さきほど計算した 1 分子あたりのエネルギー期待値の結果 $E_1 = \frac{3}{2} k_{\mathrm{B}} T$ を代入すると、

```
小正準統計の方法                   正準統計の方法
┌─────────────────────┐   ┌──────────────────────────────┐
│ エネルギー $E$ を決める   │   │ 温度 $T$ を決める              │
│ ↓                      │   │ ↓                             │
│ 状態数 $W(E)$          │   │ 分配関数 $Z$ を計算            │
│ エントロピー $S(E)$ を計算│   │ ↓                             │
│ ↓                      │   │ エネルギー $\langle E \rangle = -\dfrac{\partial}{\partial \beta}(\log Z)$ │
│ 温度を $\dfrac{dS}{dE} = \dfrac{1}{T}$ で導入 │   │ 自由エネルギー $F = -\dfrac{1}{\beta}\log Z$ │
│ ↓                      │   │ ↓                             │
│ これを解いて $E(T)$ など他の│   │ エントロピー $S$ など他の     │
│ 物理量を計算            │   │ 物理量を計算                  │
└─────────────────────┘   └──────────────────────────────┘
```

図 **3.19** 小正準統計と正準統計の比較

$$E = \frac{3}{2}Nk_\mathrm{B}T$$

が得られる。さらに気体のモル数が $n = N/N_\mathrm{A}$、気体定数が $R = N_\mathrm{A} k_\mathrm{B}$ (N_A はアボガドロ数) となることを使えば、単原子分子理想気体の内部エネルギーの式 $E = \dfrac{3}{2}nRT$ を導くことができる。長い道のりだったが、これで理想気体のよく知られた結果が統計力学の方法で得られたのだ。

ここまで来ると、気体の状態方程式まで導きたくなるところだ。でも、状態方程式を導くには、圧力を求める公式をつくっておかないといけない。それは次の章でやるので、気体の状態方程式の導出はそれまでおあずけにしよう。

3.13 小正準統計から正準統計へ

ここまでの結果をまとめてみよう。まず、第 2 章でやった統計力学の方法は「**小正準統計の方法**」という。いかつい名前が付いているが、歴史的な理由なのであんまり意味を考えなくてもよろしい。小正準統計の方法は図 3.19 の左の囲みにまとめてある。このやり方では先にエントロピー S を求めて、後から温度 T を決めにいく。しかし本章でやっている**正準統計の方法は、この順番が逆になっている**。図 3.19 の右の囲みにやり方をまとめたが、正準統計

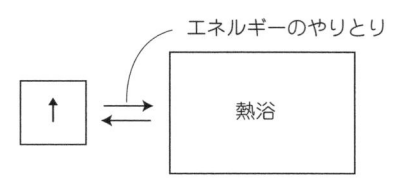

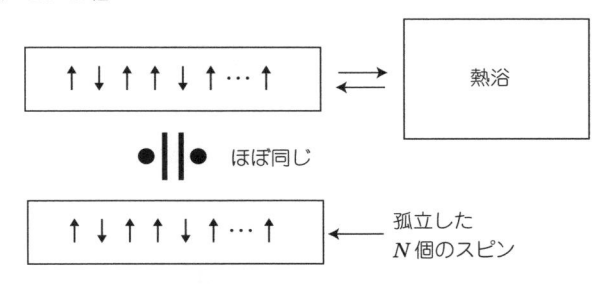

(a) 核スピン 1 個

図 3.20 正準統計で考えるときの状況設定

(b) 核スピン N 個

の方法では先に温度 T が与えられて、あとからエントロピー S が決まる仕組みになっている (S の求め方は次の節で出てくる)。もちろんどちらも同じ結果を与えるので、諸君はどちらの方法を選択してもよい。しかしほとんどの場合、正準統計の方法のほうが計算が楽なので、**正準統計の方法を使うことを強くオススメする**。この授業では、これからは正準統計の方法を採用することにする (ただし、第 5 章で粒子の非個別性を取り入れるために、少しだけ違う統計手法が出てくることになる)。

　正準統計を考える場合には、系の温度が一定であることから出発するので、どのような系でも「温度 T の熱浴と接している」と考えなければならない。例えば、すでに核スピン 1 個が熱浴に接している状況を考えてきた (図 3.20 (a)) が、核スピン 1 個であっても統計力学の手法が使えるのは熱浴が存在するからである。もちろん、核スピン N 個が熱浴と接している状況を考えてもよい (図 3.20 (b))。このように熱浴と接した系では、系と熱浴の間でエネルギーをやりとりがあるので、系のエネルギーの値は決して一定値ではなく、系のエネ

ルギーの値は確率的に揺らいでいる。よって、正準統計で考えている系 (=熱浴と接している系) は、孤立系 (=外界とエネルギーのやりとりをしない系) とは、本来異なる性質を持っている。

しかし、N が十分に大きいときは、熱浴を仮定して正準統計で行った計算結果が、熱浴を仮定しない孤立系の性質をほぼ正確に記述することがわかるのだ (図 3.20 (b))。理由を簡単に説明しておこう。まず、系のエネルギー期待値 $\langle E \rangle$ は粒子数 N に比例する。一方、エネルギーの揺らぎ幅は、エネルギーの分散から求めることができる。すでに、正準統計において、系の持つエネルギー分布の分散は、90 頁で

$$V(E) = k_B T^2 \frac{\partial \langle E \rangle}{\partial T}$$

と求められていた。この式には、エネルギーの期待値 $\langle E \rangle$ が現れているので、分散 $V(E)$ は粒子数 N に比例することがわかる。これより、エネルギー分布の標準偏差 $\sigma(E) = \sqrt{V(E)}$ は $\sqrt{N}$ に比例することがわかる。ここで N がアボガドロ数 ($\sim 6 \times 10^{23}$) 程度の極めて大きな数であれば、$\sqrt{N}$ は N に比べて極めて小さくなる。ゆえに、エネルギーの揺らぎを示す標準偏差 $\sigma(E)$ は、エネルギーの期待値 $\langle E \rangle$ に比べて、極めて小さくなることが結論されるのだ。つまり、N が十分大きいと、系のエネルギーの揺らぎは無視できるのである。このとき、粒子数 N からなる熱浴と接した系は、同じく粒子数 N からなる孤立系と、ほぼ同じ性質を持つようになるのだ (図 3.20 (b))。

以上のことをより直感的に理解するには、第 1 章でやった容器中の例を思い出せばよい。容器の左右にある分子の数は、分子数 N が十分に大きいとほとんど揺らがず、ほぼ均等に気体が分配されていた。これは、N が十分大きいために「大数の法則」が成立していることによる。大数の法則があると、左右の分子数はその期待値のまわりでほとんど揺らがなくなってしまうのだ。エネルギーの揺らぎに関しても、全く同じことが起きているのである。物質を構成している粒子数 N が莫大なので、「大数の法則」が機能し、本来は揺らぐべき物理量も揺らがないものと見なして構わなくなるのである。

これからは、考えている系の構成要素の数 N が十分に大きいとして、エネルギーの期待値 $\langle E \rangle$ など、本来は揺らいでいるような量でも、揺らぎは無視

できるとしてしまい、熱力学変数 E と区別せずに用いることにしよう。

最後に、**なぜ正準統計の方法のほうが小正準統計の方法より計算が楽なのか**、イメージを述べておこう。小正準統計では、「エネルギー一定の状態」だけを考えるから、それらの状態を集めた集合(状態空間) はかなり狭苦しいものになる。いわばエネルギー保存則が**「足かせ」**となって、問題が複雑になっているのだ。よって、いったん仮想的にエネルギー保存則という足かせをはずして、もっと広い状態空間にでていったほうが計算が楽になる。ただ、エネルギー保存則をいったん破るから、最後に「エネルギーの揺らぎ＝エネルギー保存則を壊してしまう効果」が十分に小さいことを確かめる必要がある。しかし、統計力学では N が大きいので、大数の法則が効いて、いつでもエネルギーの揺らぎが無視できてしまうのである。

おもしろゼミナール

ずっと雨模様の天気が続く、梅雨の最中のある一日だった。いつもはぶらぶらと廊下やお茶部屋に出没する先生が、今日はどこにも見あたらない。奈々子さんは不思議に思いながらお茶部屋に入ってきた。

奈々子さん 今日は先生が見あたらないわね。どこかに出かけたのかしら。

助教 ああ、今日から海外出張ですよ。今日の朝、空港から出発するので、昨日から空港のそばに宿泊しているはずです。何か用事ですか?

奈々子さん 授業で質問があるんだけど。

助教 私でよければお答えしますよ。

奈々子さん 統計力学の授業で単原子分子理想気体をやったのだけれども、単原子分子の気体って、アルゴンとかネオンのような希ガスですよね。酸素や窒素のような身近にある二原子分子気体はどうなっているの?

助教 二原子分子を扱うには解析力学をまじめにやらないといけないので、少し難易度が高いですね。でも、ざっと感じだけ話すくらいならできますよ。

奈々子さん ぜひ教えてください。

助教 まず結論からいいますね。二原子分子の場合は、単原子分子と違って、

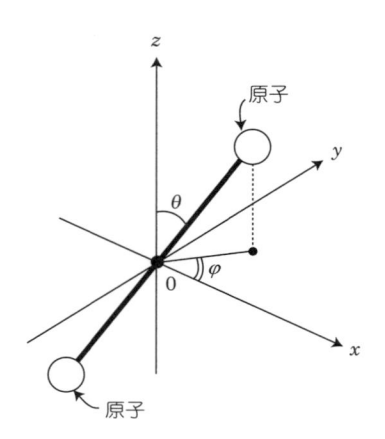

図 3.21 二原子分子の回転運動

分子の回転を考えないといけないんです。二原子分子を棒でつながれた二つの質点だと近似してみましょう (図 3.21)。ここで回転できる方向は二つあることに注意してください。

奈々子さん　図 3.21 でいうと θ 方向と φ 方向の二つがあるわけね。

助教　そうです。さて、気体分子 1 個あたりが持つエネルギーの期待値を $\langle E \rangle$ としましょう。二原子分子では、$\langle E \rangle = \langle E_{重心} \rangle + \langle E_{回転} \rangle$ と二つのエネルギー期待値の和になることがわかります。$\langle E_{重心} \rangle$ は気体分子の重心運動が持つエネルギーで、これは単原子分子と同じく $\frac{3}{2}k_B T$ となります。一方、$\langle E_{回転} \rangle$ は分子の回転のエネルギーで、これが $k_B T$ となるので、合計して $\langle E \rangle = \frac{5}{2}k_B T$ となるのです。

奈々子さん　なぜ、回転のエネルギー期待値が $k_B T$ になるの?

助教　自由度が一つ増えるたびに、エネルギーが $\frac{1}{2}k_B T$ ずつ増えていくんです。回転エネルギーの期待値は、回転に二つの方向 (θ が変化する方向と φ が変化する方向) があるので、$\langle E_{回転} \rangle = \frac{1}{2}k_B T \times 2 = k_B T$ となるんですよ。ちなみに重心の運動エネルギーのほうも同じように考えることができて、分子の重心が運動できる方向が三次元中に 3 方向あるから $\langle E_{重心} \rangle = \frac{1}{2}k_B T \times 3 = \frac{3}{2}k_B T$ となっているんです。このような考え方を「エネルギー等分配則」ということ

があリますね。

奈々子さん　なぜそうなるのか、不思議だわ。統計力学を使って、うまく説明できないの?

助教　ええ、できますよ。ちょっと難しいですが、ざっくり説明してみましょう。まず、二原子分子 1 個あたりの分配関数は次にように書けるんです。

$$Z \sim \int \mathrm{d}x\mathrm{d}y\mathrm{d}z\mathrm{d}p_x\mathrm{d}p_y\mathrm{d}p_z\mathrm{d}\theta\mathrm{d}\varphi\mathrm{d}p_\theta\mathrm{d}p_\varphi \, e^{-\beta E}$$

ここで θ, φ は分子の向いている方向を表す角度(図 3.21 参照)、p_θ, p_φ はそれぞれの角度方向の角運動量です。プランク定数などは、エネルギーに関係しないので、落としてしまいました。単原子分子との違いは、回転運動の自由度があるために積分が 4 つ増えることですね。

奈々子さん　うぁ、長い!　角運動量ってなんなの?

助教　原点から r だけ離れた質量 m の質点が、原点との距離を変えずに速度 v で動いていたときに、角運動量は mrv で定義されます。今、原子は二つあるし、回転方向も二つあるからややこしいですが、回転の速度を表すもんだと思っておいてください。さて、この式はもう少し整理できます。分子の持つエネルギーは、$E = E_{重心} + E_{回転}$ と分けてかけるので、分配関数が

$$Z \sim \int \mathrm{d}x\mathrm{d}y\mathrm{d}z\mathrm{d}p_x\mathrm{d}p_y\mathrm{d}p_z e^{-\beta E_{重心}} \times \int \mathrm{d}\theta\mathrm{d}\varphi\mathrm{d}p_\theta\mathrm{d}p_\varphi \, e^{-\beta E_{回転}}$$
$$= Z_{重心} \times Z_{回転}$$

とかけるんですよ。これで分配関数を二つの部分に分けることができます。

奈々子さん　うまくできてるわね。

助教　さて、重心運動のほうは単原子分子理想気体と同じなので、$\langle E_{重心}\rangle = -\frac{\partial}{\partial \beta}(\log Z_{重心}) = \frac{3}{2}k_\mathrm{B}T$ ですね。問題は回転のほうです。解析力学によれば、回転運動による原子の運動エネルギーは

$$E_{回転} = Ap_\theta^2 + Bp_\varphi^2$$

で与えられます。回転のエネルギーは角運動量 p_θ, p_φ の 2 乗に比例するのです。ここで A, B は角運動量によらない定数ですね。

奈々子さん　そろそろめまいがしそう。質問したのを後悔しそうだわ。

助教 まぁまぁ。式の細かいところは気にしなくていいんですよ。それで、$Z_{回転}$ の計算なんですが、角運動量 p_θ, p_φ についての積分のところを抜き出すと、

$$\int_{-\infty}^{\infty} dp_\theta \int_{-\infty}^{\infty} dp_\varphi \, e^{-\beta(Ap_\theta^2 + Bp_\varphi^2)}$$

となっています。積分公式 $\int_{-\infty}^{\infty} dp \, e^{-ap^2} = \sqrt{\dfrac{\pi}{a}}$ を使うと、角運動量の積分から分配関数がおおよそ

$$Z_{回転} \propto \sqrt{\frac{\pi}{A\beta}} \times \sqrt{\frac{\pi}{B\beta}} \propto \beta^{-1}$$

となるのです。ここで角度 θ, φ の積分からでてくる比例定数など、温度によらない定数は全部おとしてしまいました。この式から $\langle E_{回転} \rangle = -\dfrac{\partial}{\partial \beta}(\log Z) = k_B T$ がすぐに得られるのです。

奈々子さん 計算の詳細はすぐにわからないけど、ゆっくり考えればわかりそう。

助教 それで、$\langle Z_{回転} \rangle$ の計算をもう一度振り返ると、「分配関数に角運動量の積分が何回でてくるか」だけが重要なことに気がつくんです。角運動量で一回積分するごとに、分配関数に $\beta^{-1/2}$ がかかりますよね。そしてその因子がつくたびに、エネルギー期待値が $\dfrac{1}{2}k_B T$ ずつ増えるのです。これより、「回転の自由度がふえるたびに、エネルギーが $\dfrac{1}{2}k_B T$ ずつ増えていく」ことが、きちんと統計力学の計算によって示せるのです。

奈々子さん なるほど。細かい計算はわからなかったけど、ちゃんと統計力学でだせることがわかって、すっきりしたわ。

助教 ちなみに、棒状の分子なら回転の自由度は二つで $\langle E_{回転} \rangle = k_B T$ ですが、棒状ではない分子 (水分子など) だと、回転の自由度が三つになるので、$\langle E_{回転} \rangle = \dfrac{3}{2}k_B T$ となります。

　ここで、お茶部屋のドアがガラっとあき、雨に濡れてびちょびちょの先生が、泥だらけのキャリーを引っ張って入ってきた。

助教 先生、なんでここにいるんですか！　飛行機に乗り遅れたんですか?

先生 飛行機に乗り遅れたわけではない。

助教 じゃあ、何があったんですか?

先生 いや、あの、その。飛行機の出発日を一日間違えた。明日が出発の日だったみたいだ。

　一同絶句。しばらくして、奈々子さんが口を開いた。

奈々子さん 物理学者は近似は得意だけど、厳密な計算は不得意なのね。でも物理学者としては腕がいいんじゃない。たった一日しかずれてないもの。

第4章

自由エネルギーを使いこなそう

　第3章では「正準統計の方法」の方法について、公式をいくつか紹介した。「正準」という古めかしい言葉がついているが、すでに述べたようにこの言葉にほどんど意味はないので、名前を恐れずにぜひ使ってほしい。統計力学ではほとんどの場合、正準統計の方法が計算が一番簡単になるのだ。

　この章では、さらに進んで正準統計の方法で自由エネルギーを導く方法を見ていくことにしよう。自由エネルギーが計算できると、熱力学の関係式を使って圧力やエントロピーといった量が簡単に計算できるようになる。自由エネルギーは熱力学量を計算するときの「要(かなめ)」となる物理量なのだ。熱力学の知識が少し必要になるが、すべて説明し直すので、熱力学の知識がなくても計算はすぐにできるようになるはずだ。

4.1　自由エネルギーの公式

　まず、ヘルムホルツの自由エネルギーを定義しておこう。ヘルムホルツの自由エネルギー F は、内部エネルギー E と温度 T, エントロピー S から、

$$F = E - TS$$

と定義される。ヘルムホルツの自由エネルギー F をわざわざ定義するのには深い訳があるが、それはあとで説明することにしよう。自由エネルギーには何種類かあるのだが、私の授業で出てくる自由エネルギーは、ヘルムホルツ

の自由エネルギー F しかないので、名前が長くて煩わしいと思ったときには、F を単に自由エネルギーと呼んでしまうことにする。

さっそくだが、統計力学でヘルムホルツの自由エネルギーを計算する美しい公式を紹介しよう。

自由エネルギー公式

$$F = -\frac{1}{\beta} \log Z$$

この公式はすごいことをいっている。**分配関数 Z からヘルムホルツ自由エネルギー F を一発で計算できる**といっているのだ。後で見るように、ヘルムホルツの自由エネルギー F はすべての熱力学量の情報を含んでいて、他の熱力学量を計算するときの基点になる。つまり、この公式は、**「分配関数 Z には熱力学量に関するすべての情報が詰まっている」**ということをいっているのだ。分配関数 Z が求まってしまえば問題が解けたも同じであり、あらゆる熱力学量がそこから自動的に計算できてしまうのである (後で具体例を見る)。

この自由エネルギー公式が、統計力学の山場ともいうべき場所である。今からがんばって証明してみよう。

いきなり一般の場合を証明するのは大変なので、最初は第 3 章で説明した N 個の核スピンの例で考えてみよう。まず核スピンの問題がどんな問題だったかを思い出してみよう。1 個の核スピンは、スピン↑状態とスピン↓状態の二つの状態を取ることが可能で、z 方向正の向きに磁場 H をかけるとそれぞれの状態のエネルギーは $\varepsilon_\uparrow = -\mu H$、$\varepsilon_\downarrow = \mu H$ となる。分配関数の定義を思い出し、1 個の核スピンの持つエネルギーが $\varepsilon_\uparrow$ と $\varepsilon_\downarrow$ の 2 種類しかないことを使うと、核スピン 1 個あたりの分配関数 Z_1 は、

$$Z_1 = e^{-\beta \varepsilon_\uparrow} + e^{-\beta \varepsilon_\downarrow}$$

となる。また核スピン N 個の分配関数は、分配関数の合成公式から

$$Z = Z_1^N = (e^{-\beta \varepsilon_\uparrow} + e^{-\beta \varepsilon_\downarrow})^N$$

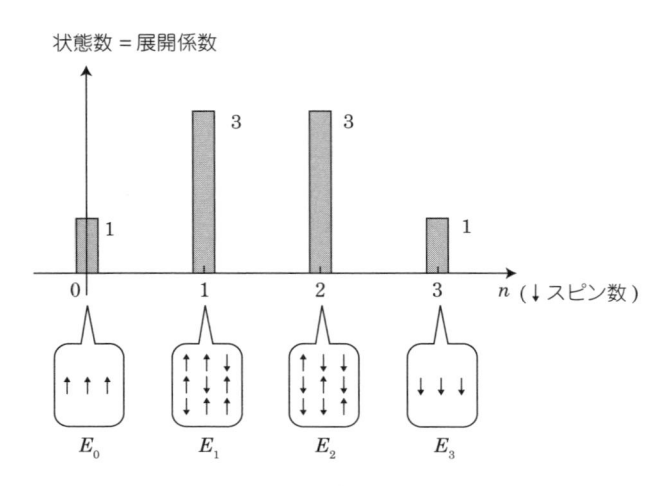

図 4.1 展開係数と状態数

と計算されるのであった。

さて、ここで分配関数に現れている「二つの項の和の N 乗」を展開することを考えよう。まずは腕ならしで、$N=3$ から考える。

$$Z = (e^{-\beta\varepsilon_\uparrow} + e^{-\beta\varepsilon_\downarrow})^3$$

3乗の展開公式を使うと、この分配関数は

$$Z = e^{-\beta(3\varepsilon_\uparrow)} + 3e^{-\beta(2\varepsilon_\uparrow+\varepsilon_\downarrow)} + 3e^{-\beta(\varepsilon_\uparrow+2\varepsilon_\downarrow)} + e^{-\beta(3\varepsilon_\downarrow)}$$

となる。ここで第一項は核スピンが三つともスピン↑状態にあるときのボルツマン分布である。同様にして第二項は三つの核スピンのうち二つがスピン↑状態にある場合、第三項は三つの核スピンのうち一つがスピン↑状態にある場合、そして最後の項はすべての核スピンがスピン↓状態にある場合に相当する (図 4.1)。それぞれの状態のエネルギーを、$E_0 = 3\varepsilon_\uparrow$, $E_1 = 2\varepsilon_\uparrow + \varepsilon_\downarrow$, $E_2 = \varepsilon_\uparrow + 2\varepsilon_\downarrow$, $E_3 = 3\varepsilon_\downarrow$ とかくことにしよう (E_n は n 個の核スピンがスピン↓状態にあるときのエネルギー)。分配関数の展開式に現れる係数 1, 3, 3, 1 は、3乗の展開公式に見られる係数であるが、元はといえばこれは、展開した際に同じ項が何個でてくるかを表すものである。今の場合、例えば第二項につい

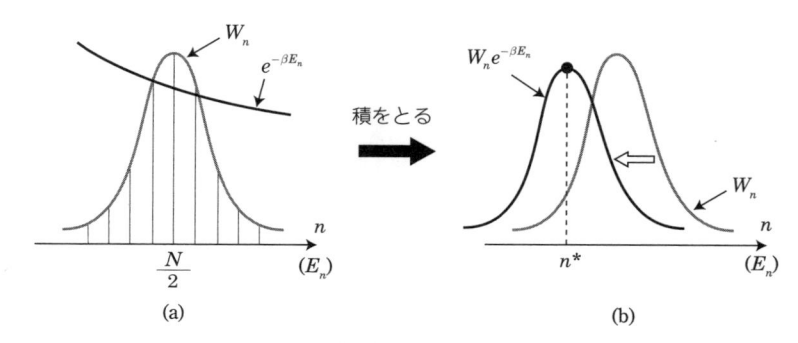

図 4.2 分配関数の和に現れる式の n 依存性

ている係数の 3 は、「3 個の核スピンのうち、2 個がスピン↑となるような場合の数」に相当する。つまり、第二項の 3 は、3 個の核スピンのうちどの 2 個をスピン↑状態とするか、の場合の数である (図 4.1)。よって、分配関数に現れる 3 乗の展開式は、組み合わせの場合の数である $_3C_0, {}_3C_1, {}_3C_2, {}_3C_3$ を用いて、

$$Z = {}_3C_0 e^{-\beta E_0} + {}_3C_1 e^{-\beta E_1} + {}_3C_2 e^{-\beta E_2} + {}_3C_3 e^{-\beta E_3}$$
$$= \sum_{n=0}^{3} {}_3C_n e^{-\beta E_n}$$

と書き直すことができる。これは核スピンが 3 個ある場合の式であるが、核スピンが N 個ある場合も同様に考えることができて、

$$Z = \sum_{n=0}^{N} {}_N C_n e^{-\beta E_n}$$

とかける。ちなみにこの式は、二項展開の公式を知っていれば、直接導くことも可能だ。

さて、分配関数 Z の展開係数に組み合わせの数 $_N C_n$ がでてくるわけだが、これは「$N-n$ 個の核スピンが上向きで、n 個の核スピンが下向きを向くときの場合の数」に他ならない。言い換えれば、展開係数は N 個の核スピンの全エネルギーが E_n であったときのスピンが取り得る状態の数になっている ($N=3$ のときは図 4.1 参照)。これを**状態数**と呼ぶことにし、$W_n = {}_N C_n$ とか

くことにしよう。すでに第 1 章でやってように、状態数 $W_n = {}_NC_n$ を n の関数と見なしてグラフをかくと、図 4.2 (a) のように $n = N/2$ のところにピークを持つグラフが得られる。

次に、展開係数の後についてくる $\exp(-\beta E_n)$ の因子を考えよう。核スピンの全エネルギー E_n を計算していくと、

$$E_n = (N-n)\varepsilon_\uparrow + n\varepsilon_\downarrow = (N-n) \times (-\mu H) + n \times (+\mu H)$$
$$= 2\mu H n - \mu H N$$

となるので、E_n は n の一次関数になっていることがわかる。見やすくするために、$E_0 = -\mu H N$ および n が 1 増加したときのエネルギー変化 $\Delta E = 2\mu H$ を使って、

$$E_n = (\Delta E)n + E_0$$

と書き直してみよう。この式から、磁場 H が正であるとすると、整数 n が 0 から N まで変化していったとき、エネルギー E_n は刻み幅 $\Delta E (> 0)$ で徐々に増加していくことがわかる。これより、$e^{-\beta E_n}$ は n が増えていくと指数関数で減少する関数になっていることがわかる。つまり、$e^{-\beta E_n}$ を n の関数としてグラフにすると、図 4.2 (a) のように n に関して指数関数で減少するグラフが得られるのだ。

さて、もとに戻って分配関数の計算を再び考えよう。分配関数は、状態数 $W_n = {}_NC_n$ を使って、

$$Z = \sum_{n=0}^{N} W_n e^{-\beta E_n} \tag{4.1}$$

と書き直せる。ここに現れる和の中身 $W_n e^{-\beta E_n}$ が n の関数としてどのように振る舞うかを考えよう。$W_n e^{-\beta E_n}$ のグラフは、図 4.2(a) に示した状態数 W_n と $e^{-\beta E_n}$ の二つのグラフを掛け合わせたものになっているはずだ。図 4.2 (a) に示されるように、W_n は $n = N/2$ でピークを持つグラフであり、一方 $\exp(-\beta E_n)$ は n (もしくは E_n) について指数関数で減少する関数である。このとき、状態数 W_n と $\exp(-\beta E_n)$ の積を考えてやると、図 4.2 (b) のようにピークは $n = N/2$ よりも左のほうへ (n が小さいほうへ) 移動する。

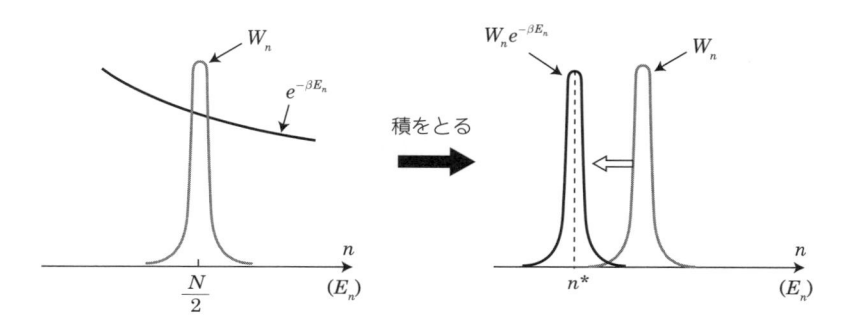

図 4.3 分配関数の和に現れる式の n 依存性 (N が大きいとき)

次に N が非常に大きい場合を考えよう。すでに第 1 章でやったように、N が非常に大きいと、状態数 $W_n = {}_N C_n$ は $n = N/2$ で非常に鋭いピークを持つようになる (図 4.3 (a))。また、$\exp(-\beta E_n)$ のグラフは先ほどと同様に、n が大きくなると指数関数で減少する関数になっている (図 4.3 (a))。よって、状態数 W_n と $\exp(-\beta E_n)$ の積もやはり鋭いピークを持ち、その位置は、先ほどと同じ理由によって左側 (n が小さい方) に移動するはずだ。結果として、和の中身 $W_n \exp(-\beta E_n)$ を n の関数としてグラフにすると、図 4.3 (b) となる。

以上の議論から、和の中身 $W_n \exp(-\beta E_n)$ はある位置 $n = n^*$ で非常に鋭いピークを持つことが期待される。このとき、分配関数に表れる和の値はほとんど $n = n^*$ のところで決まってしまい、$n = n^*$ 以外の項はすべて無視してしまっても大丈夫になる。その結果、分配関数は

$$Z = \sum_{n=0}^{N} W_n e^{-\beta E_n} \simeq W_{n^*} e^{-\beta E_{n^*}}$$

と近似することができる。さらに、エントロピーを $S_n = k_B \log W_n$ で定義し、$W_n = \exp(S_n/k_B)$ と状態数をエントロピーで書き換えてやると、

$$Z \approx W_{n^*} e^{-\beta E_{n^*}} = e^{S_{n^*}/k_B} \times e^{-E_{n^*}/k_B T} = e^{-(E_{n^*} - TS_{n^*})/k_B T}$$

と変形できる ($\beta = 1/k_B T$ に注意)。さて、最後の式に現れている $E_{n^*} - TS_{n^*}$ という式だが、この式は E_{n^*} をエネルギー E と読み替え、S_{n^*} をエントロ

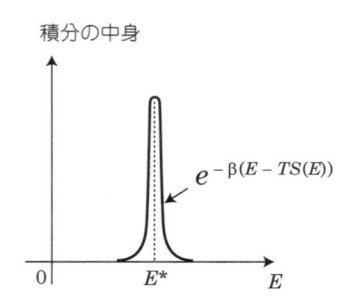

図 4.4 分配関数に現れる積分の中身 (=エネルギーの確率分布関数)

ピー S と読み替えると、$E - TS$ となる。これはヘルムホルツの自由エネルギー F に他ならない！ゆえに、分配関数 Z とヘルムホルツの自由エネルギー F の間には、

$$Z \approx e^{-\beta F} \quad \Leftrightarrow \quad F = -\frac{1}{\beta} \log Z$$

という関係式が成り立つことになる。これで目標としていた「ヘルムホルツの自由エネルギー公式」が導かれたことになる。これはとても重要な公式だから、ぜひとも覚えておいてほしい。

4.2 自由エネルギー公式の証明：一般の場合

前の節で、ヘルムホルツの自由エネルギー公式 $F = -\frac{1}{\beta} \log Z$ を導いたが、核スピンという具体的な例を使っていた。しかし、具体的な例によらず、一般の系に対しても、ほぼ同じ考え方で自由エネルギー公式が証明ができる。しかし、一般の証明は少々こみいっているので、完全な証明を説明してしまうと、諸君を迷いの竹林に導いてしまうことになる。そこで厳密な証明はあきらめて、「**だいたいこんな風にやれば証明できる**」という感じの証明のスケッチだけにとどめておくことにしよう。先を急ぐ人は、自由エネルギー公式だけ認めていただければ、この節を飛ばしてもらっても全く構わない。

核スピンの例では、取り得るエネルギー状態はとびとびであり、そのエネル

ギー間隔は一定であった。一般の場合には、エネルギーが等間隔にとびとびの値をとるとは限らないので、前の節のような議論はできない。しかし、分配関数に現れる和は、十分な精度で以下のような積分で近似的に置き換えることができる。

$$Z = \sum_{n=0}^{N} W_n e^{-\beta E_n} \approx \int_{E_0}^{\infty} dE \, W(E) e^{-\beta E}$$

ここで E_0 は系の取りうる最小のエネルギーの値である。本来、分配関数は和の形で書き表されるのだが、十分な数の粒子があればエネルギー状態は非常に密集し、和を積分に置き換えられるのだ。ここで $W(E)$ は**状態密度**と呼ばれる量で、「E から $E + dE$ のエネルギー範囲に含まれている状態の数が $W(E)dE$ である」として定義され、単位エネルギーあたりにある状態の数を勘定しているものだ。あまり深く考えず、まぁそんなもんか、ぐらいに思っておいてほしい。さらにエントロピーを $S(E) = k_B \log W(E)$ で定義しておくと、$W(E) = \exp(S(E)/k_B)$ と書き表すことができ、分配関数を

$$Z = \int_{E_0}^{\infty} dE \, e^{-(E-TS(E))/k_B T}$$

と書き直すことができる。ここで指数関数 $e^{-(E-TS(E))/k_B T}$ をエネルギー E の関数としてかくと、図 4.4 のようにあるエネルギー $E = E^*$ で鋭いピークを持つことが示される。(詳しい証明は略。図 4.4 はエネルギーの確率分布関数になっており、第 3 章の最後でやったようにエネルギーの期待値 (=ピーク位置 E^*) が粒子数 N に比例することと、エネルギー分布の標準偏差 (=ピーク幅) が $\sqrt{N}$ にすることを、それぞれ示せばよい。こうすることで、N が十分大きいと、ピーク位置 E^* に比べてピークの幅は十分狭いことが示せる)。このグラフのピーク幅が十分鋭ければ、積分はピークをとるエネルギー $E = E^*$ での被積分関数の値で近似できる。つまり

$$Z \approx e^{-(E^* - TS(E^*))/k_B T}$$

となる。ピークの場所でのエネルギー E^* が実際に系の持つエネルギー E であると考えることができ、またそのエネルギーでの $S(E)$ の値が系のエントロ

ピー S を与える。よって、指数関数の肩に現れている $E^* - TS(E^*)$ は、ヘルムホルツの自由エネルギー $F = E - ST$ に他ならないことがわかり、分配関数は F を使って

$$Z \approx e^{-\beta F} \qquad \left(\beta = \frac{1}{k_B T}\right)$$

とかけることになる。これを F について解き直せば、自由エネルギー公式

$$F = -\frac{1}{\beta} \log Z$$

が導けるのだ。

なお言っておくが、ここでやった証明はかなりいい加減だ。物理的にも数学的にも微妙なところをいくつか含んでいる。しかしそういう細かいところは、最終結論 (=自由エネルギー公式) に全く影響しないので、神経質になる必要が全くないのである。ということで、ここはあまり細かいことを気にせず、先にすすんでしまおう。

4.3 自由エネルギーを計算してみよう

では、さっそく単原子分子理想気体の自由エネルギーを計算してみよう。分配関数は第 3 章ですでに計算がされており、

$$Z = \frac{Z_1^N}{N!} = \frac{1}{N!} \left(\frac{V}{h^3}\right)^N \left(\frac{2\pi m}{\beta}\right)^{3N/2}$$

となっていた。Z_1 は分子 1 個あたりの分配関数であり、$N!$ の因子は分子が互いに区別できないことからくる因子である。分配関数の対数をとると、

$$\log Z = N \log V - 3N \log h - \log N! + \frac{3N}{2} \log\left(\frac{2\pi m}{\beta}\right)$$

となる。スターリングの近似公式 $\log N! \approx N \log N - N$ を使って、もう少し整理すると、

$$\log Z = N \left(\log V - \log N + 1 + \frac{3}{2} \log\left(\frac{2\pi m k_B T}{h^2}\right)\right)$$

となる ($\beta = 1/k_\mathrm{B}T$ を代入した)。これを自由エネルギー公式に代入すると、

$$F = -\frac{1}{\beta}\log Z = -Nk_\mathrm{B}T\left(\log\left(\frac{V}{N}\right) + 1 + \frac{3}{2}\log\left(\frac{2\pi mk_\mathrm{B}T}{h^2}\right)\right)$$

が得られる。分配関数さえ計算できていれば、ヘルムホルツの自由エネルギーがすぐに計算できてしまうのだ。

ここで単原子分子理想気体のヘルムホルツ自由エネルギーに関して、着目すべき点が二つある。

一つ目は、前の章で詳しく説明していなかった、分配関数につける $1/N!$ の因子のことである。これをつけておかないと、困ったことが起きるのだ。まず、熱力学では、ヘルムホルツの自由エネルギー F が以下の性質を満たさなければいけないことが知られている。

$$F(T, 2V, 2N) = 2F(T, V, N)$$

この式の意味は簡単だ。今、体積 V の二つの容器に粒子数 N, 温度 T の気体を入れることを考える。この容器を合体させても、二つの気体の熱力学的な状態は同じなので、何も起きないはずだ。このとき、全系の自由エネルギー $F(T, 2V, 2N)$ は、それぞれの気体の自由エネルギー $F(T, V, N)$ を単に 2 倍したものになるはずである。さきほど求めた単原子分子理想気体の自由エネルギー

$$F = -\frac{1}{\beta}\log Z = -Nk_\mathrm{B}T\left(\log\left(\frac{V}{N}\right) + 1 + \frac{3}{2}\log\left(\frac{2\pi mk_\mathrm{B}T}{h^2}\right)\right)$$

を見てみると、$V \to 2V$, $N \to 2N$ という置き換えをしたときに確かに F も 2 倍になることが確かめられる。しかし、もし $1/N!$ がないと、得られた自由エネルギーが関係式 $F(T, 2V, 2N) = 2F(T, V, N)$ を満たさなくなってしまうのだ。このため、気体の問題を考えるときには、粒子が区別できないことからくる $1/N!$ の因子を必ずつけておかなければいけない。このような問題が生じるのは、気体や液体を対象としているときに限る。固体の場合は原子が固定されているので、原子を区別できるとして計算してよい。また、粒子数変化を考えない (化学ポテンシャル μ が問題にでてこない) 場合にも、この因子は問題にならない。「液体もしくは気体の問題を解くときだけ、分配関数に $1/N!$ の

因子をつけておくのだ」とだけ覚えておいてほしい。

二つ目は、「自由エネルギーを何のために計算するのか」ということである。これに対する答えは明白だ。もう一度、自由エネルギーの計算結果を眺めてみよう。

$$F = -Nk_\mathrm{B}T\left(\log\left(\frac{V}{N}\right) + 1 + \frac{3}{2}\log\left(\frac{2\pi mk_\mathrm{B}T}{h^2}\right)\right)$$

このヘルムホルツ自由エネルギー F が、粒子数 N, 温度 T, 体積 V の関数として書き表されていることに注意してほしい(その他はみな定数である)。実は、ここから熱力学の関係式を使って、他のいろいろな物理量を計算できてしまうのだ。先に結論からいってしまおう。ヘルムホルツの自由エネルギーが粒子数 N, 温度 T, 体積 V の関数として $F = F(T,V,N)$ と書き表されるとき、エントロピー S, 圧力 p, 化学ポテンシャル μ は、以下のような熱力学の関係式によって簡単に求められてしまうのである。

熱力学の関係式 ヘルムホルツ自由エネルギー $F(T,V,N)$ から、

エントロピー $S = -\dfrac{\partial F}{\partial T}$

圧力 $p = -\dfrac{\partial F}{\partial V}$

化学ポテンシャル $\mu = \dfrac{\partial F}{\partial N}$

が計算される。

この熱力学関係式は、ヘルムホルツの自由エネルギーを $F(T,V,N)$ と 3 つの変数 T, V, N の関数と見なし、それぞれの変数について偏微分をとれば、エントロピー S, 圧力 p, 化学ポテンシャル μ がわかるという、優れものの公式になっている。偏微分は次の節でもう少し詳しく説明するが、計算方法は簡単で、他の二つの変数を固定して定数と見なし、注目する変数で普通の微分計算をするだけでよい。この公式は、熱力学の範囲で示すことができるが、熱力学の復習が少し必要になるので、次の節で証明することにしよう。また、熱力学の関係式のうち、化学ポテンシャル μ だけは馴染みがないだろう。こ

れは粒子数が変化するような系で重要となる熱力学量で、この章の後半で詳しく説明する。

さっそく単原子分子理想気体について、熱力学の関係式を使ってエントロピー S、圧力 p、化学ポテンシャル μ を計算しよう。まず、エントロピー S は熱力学の関係式より、

$$S = -\frac{\partial F}{\partial T} = \frac{\partial}{\partial T}\left[Nk_\mathrm{B}T\left(\log\left(\frac{V}{N}\right) + 1 + \frac{3}{2}\log\left(\frac{2\pi mk_\mathrm{B}T}{h^2}\right)\right)\right]$$

となる。自由エネルギー F の表式の中で、温度 T は最初の $Nk_\mathrm{B}T$ の因子と、括弧内の対数の中に一つずつある。温度以外の変数はすべて定数と見なし、積の微分公式を使って T で微分していくと、

$$\begin{aligned}S &= Nk_\mathrm{B}\left(\log\left(\frac{V}{N}\right) + 1 + \frac{3}{2}\log\left(\frac{2\pi mk_\mathrm{B}T}{h^2}\right)\right) + Nk_\mathrm{B}T \times \frac{3}{2T}\\ &= Nk_\mathrm{B}\left(\log\left(\frac{V}{N}\right) + \frac{5}{2} + \frac{3}{2}\log\left(\frac{2\pi mk_\mathrm{B}T}{h^2}\right)\right)\end{aligned}$$

と計算される。こうして単原子分子理想気体のエントロピーが求まった。

ここで一つコメントがある。エントロピーの計算途中で、

$$S = Nk_\mathrm{B}\left(\log\left(\frac{V}{N}\right) + 1 + \frac{3}{2}\log\left(\frac{2\pi mk_\mathrm{B}T}{h^2}\right)\right) + Nk_\mathrm{B}T \times \frac{3}{2T}$$

となっていたが、よく見ると前半部分はヘルムホルツの自由エネルギー F に負号をつけて温度 T で割ったものになっている。また後半部分は、単原子分子理想気体のエネルギー $E = \frac{3}{2}Nk_\mathrm{B}T$ を温度 T で割ったものが現れている。だから、エントロピー S は

$$S = \frac{-F + E}{T}$$

ときれいにまとめられるのだ。この式は、ヘルムホルツの自由エネルギーの定義式 $F = E - TS$ そのものであることがすぐにわかるだろう。実はエントロピーの計算には二通りの方法があることになる。一つは熱力学の関係式 $S = -\dfrac{\partial F}{\partial T}$ を使う方法であり、もう一つはヘルムホルツ自由エネルギー F とエネルギー E から、$S = (-F + E)/T$ を使って計算する方法である。どちらも一致した答えを必ず与えるのだ。この一致は偶然ではない。分配関数からヘル

ムホルツ自由エネルギーを求める手続きが、確かにうまくいっていることを示す証拠の一つなのだ。

次に圧力を計算しよう。熱力学の関係式より、

$$p = -\frac{\partial F}{\partial V} = +\frac{\partial}{\partial V}\left[Nk_BT\left(\log\left(\frac{V}{N}\right) + 1 + \frac{3}{2}\log\left(\frac{2\pi mk_BT}{h^2}\right)\right)\right]$$

を計算すればいいことになる。体積 V は対数のなかに 1 カ所あることに注意し、体積以外の変数は定数と考えて V の微分を計算すれば、

$$p = +Nk_BT \times \frac{1}{V} = \frac{Nk_BT}{V}$$

となる。気体のモル数が $n = N/N_A$、気体定数が $R = N_Ak_B$(N_A はアボガドロ数) で与えられることを使えば、ようやく諸君のよく知っている状態方程式 $pV = nRT$ が導ける。これで理想気体のよく知られた結果がすべて統計力学の方法で得られたのだ。

最後に化学ポテンシャルを計算しよう。熱力学の関係式から、

$$\mu = \frac{\partial F}{\partial N} = \frac{\partial}{\partial N}\left[-Nk_BT\left(\log\left(\frac{V}{N}\right) + 1 + \frac{3}{2}\log\left(\frac{2\pi mk_BT}{h^2}\right)\right)\right]$$

となる。N は最初の Nk_BT の因子の中と、対数の中の 2 カ所にある。積の微分公式を使って計算を進めると、

$$\mu = -k_BT\left(\log\left(\frac{V}{N}\right) + 1 + \frac{3}{2}\log\left(\frac{2\pi mk_BT}{h^2}\right)\right) - Nk_BT \times \left(-\frac{1}{N}\right)$$
$$= -k_BT\left(\log\left(\frac{V}{N}\right) + \frac{3}{2}\log\left(\frac{2\pi mk_BT}{h^2}\right)\right)$$

と計算される。この化学ポテンシャルの意味は、この章の後半で議論する。

これでボルツマン分布を出発点とする正準統計の方法について、すべての公式が出そろったことになる。いままでの計算方法をまとめてみよう (図 4.5)。正準統計では、最初に分配関数 Z を計算する。これが計算できてしまえば、エネルギーの期待値公式からエネルギー E が、自由エネルギー公式からヘルムホルツの自由エネルギー F がそれぞれわかることになる。さらにヘルムホルツ自由エネルギー F から熱力学の関係式を用いて、エントロピー S、圧力 p、化学ポテンシャル μ が計算される。分配関数 Z さえ計算できてしまえば、

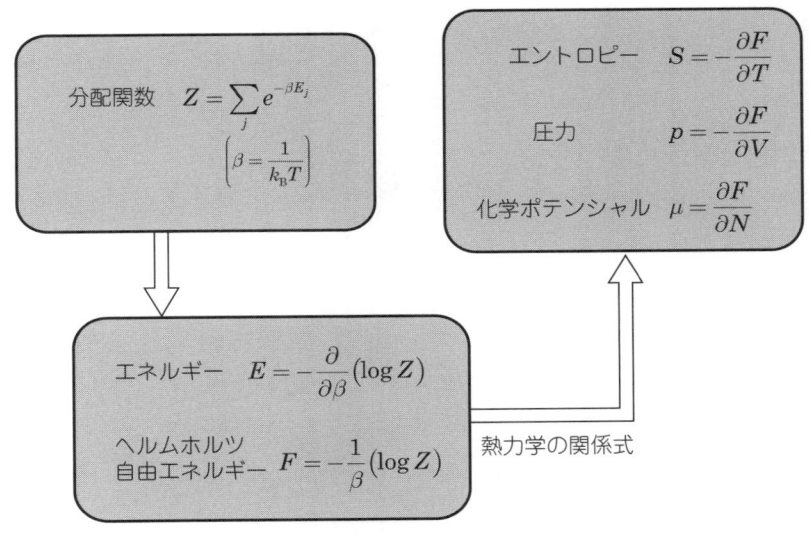

図 4.5　正準統計で使う公式のまとめ

分配関数　$Z = \sum_j e^{-\beta E_j}$　$\left(\beta = \dfrac{1}{k_B T}\right)$

エネルギー　$E = -\dfrac{\partial}{\partial \beta}(\log Z)$

ヘルムホルツ自由エネルギー　$F = -\dfrac{1}{\beta}(\log Z)$

熱力学の関係式

エントロピー　$S = -\dfrac{\partial F}{\partial T}$

圧力　$p = -\dfrac{\partial F}{\partial V}$

化学ポテンシャル　$\mu = \dfrac{\partial F}{\partial N}$

残りの物理量が「自動的に」計算できてしまうのである。図 4.5 にまとめた公式は、すべて頭にたたき込んでおこう。

公式を覚えるには、実際に使ってみるのが一番である。前の章でやった物理系に関して練習問題を作っておいたので、ぜひ紙と鉛筆を用意して自分で解いてみてくれ。

[練習問題 6] N 個の独立な核スピン系の分配関数は、

$$Z = (e^{\mu H/k_B T} + e^{-\mu H/k_B T})^N$$

と計算されていた。

(1) ヘルムホルツの自由エネルギー F を求めよ。
(2) エントロピー S を熱力学の関係式から求めよ。
(3) (2) の結果から $F = E - TS$ の関係式が成り立つことを示せ。

[練習問題 7] N 個のバネにつながれた質点系の分配関数は、

$$Z = \left(\frac{e^{-\beta\hbar\omega_0/2}}{1 - e^{-\beta\hbar\omega_0}} \right)^N$$

と計算されていた。
(1) ヘルムホルツの自由エネルギー F を求めよ。
(2) エントロピー S を熱力学の関係式から求めよ。
(3) (2) の結果から $F = E - TS$ の関係式が成り立つことを示せ。

[練習問題 8] エネルギーが $\varepsilon_1 = 0$、$\varepsilon_2 = 0$、$\varepsilon_3 = \varepsilon$ の 3 つのエネルギー状態をもつ原子が N 個ある。
(1) 原子は区別できるものとして、分配関数 Z を求めよ。
(2) エネルギー期待値 E を求めよ。
(3) ヘルムホルツの自由エネルギー F を求めよ。
(4) エントロピー S を熱力学の関係式から求めよ。

4.4 熱力学の関係式を導出しよう

さて、自由エネルギー F から熱力学の関係式を使えば、エントロピー S、圧力 p、化学ポテンシャル μ が計算できることを述べた。ここで使った式は、熱力学の理論の枠組みから借りてきたものである。この節では、統計力学で使う必要最小限の熱力学の知識を紹介し、熱力学量を求める公式を導出することにしよう。

熱力学で対象となる物理系は、理想気体などの例でわかるように体積 V を変数に持つことが多い。体積が変化する際には、外界が系にする仕事をちゃんと考える必要がある。系の圧力が p とすると、系の体積が dV だけ微小に変化したとき外界が系にする仕事は $dW = -pdV$ で表される (外界が系に対して仕事をするとき $dW > 0$ とした)。体積が減少したとき ($dV < 0$) に $dW > 0$

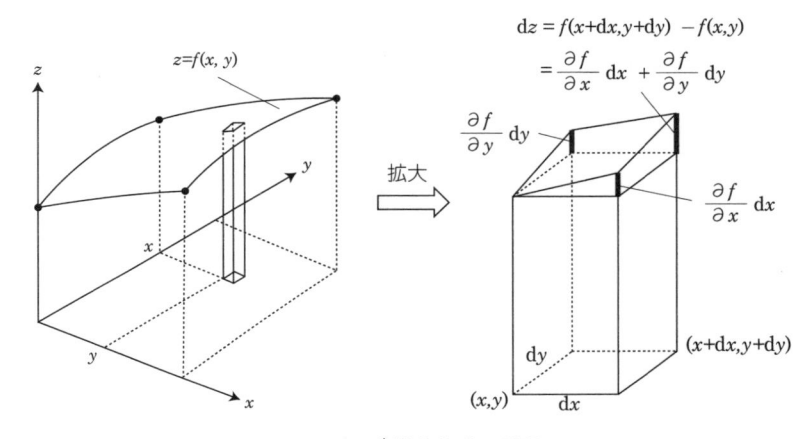

図 4.6　全微分公式の説明

となることに注意しよう。さて、外界から系に入ってくる熱 dQ と、外界から系になされる仕事 dW は、ともに系の内部エネルギー E を変化させ、その変化量 dE は、

$$dE = dQ + dW$$

となる。これを**熱力学の第一法則**と呼ぶ。熱力学では系に入ってくる熱 dQ と系のエントロピーの変化量 dS の間には、$dS = dQ/T$ の関係が成り立つ。熱力学ではこれがエントロピーの定義である (第 2 章でやったように統計力学では同じ式が温度の定義式になっている)。これと $dW = -pdV$ を熱力学の第一法則に代入すると、

$$dE = TdS - pdV$$

が得られる。これが**熱力学の出発点となる式**である。

　熱力学の第一法則は、一見すると単なるエネルギーの収支を表す式に過ぎないように見える。しかし、実はもっと深い意味を持っているのだ。一般に二変数関数 $z = f(x, y)$ があって、それが (x, y) から $(x + dx, y + dy)$ に微小変化するときに、z の微小変化 dz は次のように与えられる。

> **全微分公式** $\quad dz = \dfrac{\partial f}{\partial x} dx + \dfrac{\partial f}{\partial y} dy$

この関係式は**全微分公式**と呼ばれる。ここで $\dfrac{\partial f}{\partial x}$ は、y を固定しながら x だけを微分する、という意味で、偏微分と呼ばれる。$\dfrac{\partial f}{\partial y}$ は逆に x を固定しながら y を偏微分するという意味の式だ。全微分公式は、多変数関数を扱うときに必須の公式なので、ぜひとも知っておいてほしい公式である。厳密な証明は省略するが、直感的には図 4.6 のように図解することで意味を簡単に理解できる。(x, y) から $(x + dx, y + dy)$ へ変化したときの関数の変化 $dz = f(x+dx, y+dy) - f(x, y)$ は、x だけ動かしたときの関数の変化 $\dfrac{\partial f}{\partial x} dx$ と、y だけ動かしたときの関数の変化 $\dfrac{\partial f}{\partial y} dy$ の和になっている。図 4.6 の $z = f(x, y)$ の曲面上にできる小さな四角形が平行四辺形と見なせるがポイントである。

さて、全微分の公式のいうところによれば、$z = f(x, y)$ のように z が x, y の関数であると見なせたとし、dz と dx, dy の間に、

$$dz = P dx + Q dy$$

のような関係がついていたとすると、全微分公式

$$dz = \dfrac{\partial f}{\partial x} dx + \dfrac{\partial f}{\partial y} dy$$

と比較することにより、

$$P = \dfrac{\partial f}{\partial x}, \quad Q = \dfrac{\partial f}{\partial y}$$

が結論されるのである。ここで「z が x, y の二つの関数であると見なせたとき」と但し書きをつけた。これが実はあとあと重要になってくる。

さて、熱力学の第一法則は

$$dE = T dS - p dV$$

と与えられていたから、さっそくここに全微分公式をあてはめてみよう。エネルギーが $E = E(S, V)$ という風に、エントロピー S と体積 V の関数である

と見なしたとき、全微分公式と比較することで、

$$\frac{\partial E}{\partial S} = T, \quad \frac{\partial E}{\partial V} = -p$$

という熱力学の関係式が得られる。これらの関係式は便利なのだが、この式が有用なのはエネルギーが $E = E(S,V)$ という風に S と V の関数として得られているときであることに注意しよう。

さて、エネルギーは $E = E(S,V)$ という風に E を S と V の関数として考えたのであるが、エントロピー S を変数とするのは不便なことが多い。そこで $T = \dfrac{\partial E}{\partial S} = T(S,V)$ を S について解き直して $S = S(T,V)$ とかき、エネルギーに代入して $E(S,V) = E(S(T,V),V)$ とエネルギーを温度 T と体積 V で書き直してみよう。しかし、こうして得られた $E(S(T,V),V)$ という関数を T と V で偏微分しても、きれいな熱力学の関係式を導くことはできない。理由は簡単で、関数 $E(S(T,V),V)$ で V が 2 カ所に現れているからである。この方法では、圧力やエントロピーを計算する便利な公式は得られないのだ。

エネルギーに類似する量で、かつそれを温度 T, 体積 V の関数と見なしたときに偏微分がきれいな関係式を持つものができないだろうか。そのような物理量をつくるのが、**ルジャンドル変換**である。まず、エネルギー E からエネルギーの次元を持つ新しい量

$$F = E - TS$$

を定義する。これが**ヘルムホルツ自由エネルギー**である。エネルギーの全微分形 $\mathrm{d}E = T\mathrm{d}S - p\mathrm{d}V$ と、積の微小変化に関する公式 $\mathrm{d}(TS) = (T + \mathrm{d}T)(S + \mathrm{d}S) - TS = T\mathrm{d}S + S\mathrm{d}T$ (高次の微小量 $\mathrm{d}S\mathrm{d}T$ は無視) を使うと、ヘルムホルツ自由エネルギー F の全微分形は

$$\begin{aligned}\mathrm{d}F &= \mathrm{d}(E - TS) = \mathrm{d}E - S\mathrm{d}T - T\mathrm{d}S \\ &= (T\mathrm{d}S - p\mathrm{d}V) - S\mathrm{d}T - T\mathrm{d}S \\ &= -S\mathrm{d}T - p\mathrm{d}V\end{aligned}$$

となる。ここで「$F = F(T,V)$ は温度 T と体積 V の二変数関数である」と考えることにすれば、全微分公式と比較することにより、

$$\frac{\partial F}{\partial T} = -S, \quad \frac{\partial F}{\partial V} = -p$$

というきれいな関係式が得られるのである。このようにして、前の節で説明した熱力学の関係式が熱力学の議論を使って導かれるのである。

熱力学では、変数をエントロピー S から温度 T に切りかえてもきれいな関係式が成り立つようにするように、ヘルムホルツの自由エネルギー F が導入される。このとき、エネルギー E からヘルムホルツの自由エネルギー F を得る手続きを**ルジャンドル変換**と呼ぶ。

ここまでの議論では、考えている系の粒子数が変化しないものとしていた。粒子数が変化する場合も考え方はほとんど同じである。まず、エネルギーの全微分形は

$$dE = TdS - pdV + \mu dN$$

とかける。ここで化学ポテンシャル μ が現れている。熱力学では、これが化学ポテンシャルの定義になっており、「粒子を一つつけ加えるのに必要なエネルギー」という意味を持つことがわかる。この全微分形から、エネルギー $E = E(S, V, N)$ に関する熱力学関係式は、

$$\frac{\partial E}{\partial S} = T, \quad \frac{\partial E}{\partial V} = -p, \quad \frac{\partial E}{\partial N} = \mu$$

となる。ここでルジャンドル変換によりヘルムホルツの自由エネルギー $F = E - TS$ を定義すると、その全微分形は、

$$dF = dE - d(TS) = dE - TdS - SdT$$
$$= -SdT - pdV + \mu dN$$

となる。これより、ヘルムホルツの自由エネルギー $F = F(T, V, N)$ を温度 T, 体積 V, 粒子数 N の関数と見なしたとき、熱力学の関係式は、

$$\frac{\partial F}{\partial T} = -S, \quad \frac{\partial F}{\partial V} = -p, \quad \frac{\partial F}{\partial N} = \mu$$

となり、前の節ででてきた化学ポテンシャルに関する関係式がちゃんと導かれるのだ。

おもしろゼミナール

　もうそろそろ梅雨入りしそうな時期になっていたが、幸い天気のいい日が続いていた。奈々子さんがいつものようにお茶部屋に入っていくと、先生が大きな旅行鞄をひろげて何やらごぞごぞとやっていた。

奈々子さん　先生、何をしているんですか。

先生　来週から海外出張なんだが、向こうで研究するのに必要な本を入れてるんじゃ。それがなかなか鞄に入りきらなくてな。どうしようか悩んでいる所じゃ。

奈々子さん　海外まで行ってそんなに本を読むんですか？　大変ですね。あ、そういえば今日の授業に質問があるんですが、いいですか?

先生　ちょうど一休みしようかと思っていた所じゃ。どんどん質問してくれたまえ。

奈々子さん　実は別の授業で、情報学的エントロピーというのが出てきたんですが、統計力学で出てきたエントロピーと同じものなのかしら?

先生　おっと、他の授業でもエントロピーに出会ったのだな。よろしい、お答えしよう。全く同じものじゃ。

奈々子さん　確か情報学の授業では、「確率分布 p_n について $\tilde{S} = \sum_n (-p_n \log_2 p_n)$ を情報学的エントロピー」といっていたはずなんだけど、統計力学のエントロピーとだいぶ違うように見えますよ?

先生　変形するとちゃんと出てくるぞ。$\partial F/\partial T = -S$ を使ってもいいのだが、一番簡単なのは $F = E - TS$ という自由エネルギーの表式を使うことだな。これからエントロピーは $S = (E-F)/T$ と計算できる。ここに自由エネルギーの公式 $F = -\dfrac{1}{\beta}\log Z$ を代入し、さらにエネルギー期待値 E がエネルギー準位 E_n の実現確率 p_n によって $E = \sum_n E_n p_n$ とかけることを使うと、

$$S = \frac{1}{T}\left(\sum_n E_n p_n + \frac{1}{\beta}\log Z\right)$$

となる。さらにボルツマン分布の式 $p_n = \dfrac{1}{Z}e^{-\beta E_n}$ を、エネルギー E_n につい

て解き直した式 $E_n = -(\log p_n + \log Z)/\beta$ を代入して、$\sum_n p_n = 1, \beta = 1/k_B T$ などを使って少し整理していけば、

$$S = -k_B \sum_n p_n \log p_n$$

が得られるんじゃ。これならほとんどおなじだろう。こんな式は第 1 章のボルツマンの H 定理のときにもでてきていたな。

奈々子さん あ、本当だ。対数の底が少し違うけど、底の変換公式を使えば $\log_2 p_n = \log p_n / \log 2$ だから、定数倍違うだけね。結局、情報学的エントロピー $\tilde{S} = \sum_n (-p_n \log_2 p_n)$ に $k_B \log 2$ を掛けると統計力学のエントロピー S になるのね。でも、情報学的エントロピーっていったい何なの？

先生 なんだ、情報の授業でやらなかったのかい？ ま、物理とのかかわりはあんまり言わないだろうから、わかりにくい量かも知れないな。一言で言って、情報学的エントロピーは**「確率分布の癖のなさ」**の指標なんだよ。例えば、1 個のサイコロを振ったとき、それぞれの目の出る確率を考えよう。普通のサイコロであれば、すべての目がでる確率は等しいから、n の目がでる確率 $p_n (n = 1, 2, \cdots, 6)$ はすべて $1/6$ となる。よって、

$$\tilde{S} = -\sum_{n=1}^{6} p_n \log_2 p_n = -6 \times \frac{1}{6} \log_2 \frac{1}{6} = \log_2 6$$

となる。一方、なんらかの理由によって $4, 5, 6$ しか出ないサイコロがあったとすると、$p_1 = p_2 = p_3 = 0, p_4 = p_5 = p_6 = 1/3$ である。確率 0 のときの対数だけ気になる所だが、$\lim_{x \to 0} x \log_2 x = 0$ なので、$0 \log 0 = 0$ としておいて大丈夫だ。そうすると、情報学的エントロピーは

$$\tilde{S} = -\sum_{n=1}^{6} p_n \log_2 p_n = -3 \times \frac{1}{3} \log_2 \frac{1}{3} = \log_2 3$$

となる。$\log_2 3 < \log_2 6$ なので、癖のあるサイコロのほうが情報学的エントロピーは小さくなるのだ。逆に言えば、エントロピーの大きさは**「癖のなさ」**を表すものだといえる。

奈々子さん なるほど、わかったわ。でもなぜ「情報」の授業で出てくるのかしら。

先生 それは簡単だ。確率分布に癖があると、**情報の「圧縮」**ができるからだ。
奈々子さん どういうこと?
先生 例えば、ある先生が授業で成績をつけて、それを大学の事務に送ることを考えてみようか。例えば、成績は優(A)、良(B)、可(C)、不可(D)の4種類であるとし、これを学籍番号順にABACBBAADA…という風にして、1000人分送るとする。この情報を送るのに必要なビット数(二進数の桁数)はいくらだろうか?
奈々子さん (うわー、嫌な例だな…) えーと、成績を表すのにA=00, B=01, C=10, D=11と二進数を割り振ることにすれば、一人分の成績で2ビット使うから、1000人いれば2000ビットですね。
先生 普通にやればそうなるな。しかし、成績の分布に癖があったらどうなるかな。例えば、Aが1/2, Bが1/4, CとDが1/8の割合で出てくるとしたら、どうだろう。
奈々子さん え、送るべき情報のビット数が変わるんですか?
先生 ああ、送るべき情報の量(ビット数)を少なくできるんじゃ。この例では、A=0, B=10, C=110, D=111とすればよい。つまりよく出てくる情報は短いビット数で表現してしまうんだ。こうすると、1000人分の成績を送るのに必要な情報量(ビット数)は $1 \times \left(1000 \times \frac{1}{2}\right) + 2 \times \left(1000 \times \frac{1}{4}\right) + 3 \times \left(1000 \times \frac{1}{8}\right) + 3 \times \left(1000 \times \frac{1}{8}\right) = 1750$ となって、さきほどより少なくなるんだ。
奈々子さん 賢いやり方ですね。
先生 圧縮の仕方はいろいろあり得るが、情報に癖がないと圧縮はできないことはすぐに想像がつくだろう。そして情報学の一般論を使えば、一つの成績を送るのに必要なビット数の最小値が情報学的エントロピー $\tilde{S} = -\sum_n p_n \log_2 p_n$ と一致することがわかるのだ (p_n は各成績の出現確率)。癖があるほどエントロピーは小さくなって、圧縮しやすくなる、ということをいっているんじゃな。ちなみに、モールス信号はアルファベットを「トン」と「ツー」の二つの電信で置き換えるのだが、モールス信号が採用されたのはアルファベットの出現確率まで考えて、可能な限り「トン」と「ツー」の数を少なくするような工夫がされているからじゃ。

奈々子さん うーん、完全にはよくわからないけど、なんとなく雰囲気はわかったわ。でも、統計力学とどうつながっているのかしら？

先生 統計力学は考え方が逆だ。**熱平衡状態とは「どのような癖もない確率分布を持つ」**といいたいんだよ。「癖が全くない」というのは「エントロピーが最大」と同じことだな。

奈々子さん ああ、なるほど。あれ、でもエントロピーが最大になるのって「癖がない分布」だとすれば、すべての状態が同じ確率を持つ場合が一番癖がないんじゃないの？

先生 ああ、その通りだ。証明は略すが、とくに条件がなければすべて確率が等しいときエントロピーが最大になることがわかる。ま、癖がない分布だから当然だな。小正準統計はこのままでいいんだ。

奈々子さん そうか。等重率の原理ね。小正準統計のときには、等重率の原理が「一番癖がない分布＝エントロピー最大の分布」を保証するわけね。でも正準統計はどうなの？

先生 正準統計では「エネルギーのやりとりを許す」統計になっていたのを思い出してくれ。どんなエネルギーもアリにすると、エネルギーがいくらでも大きくなることができて、計算が発散してしまう。「エネルギー E 一定の小正準統計」と対応させることも考えれば、正準統計では**「エネルギーの期待値 $\langle E \rangle$ がある一定の値 E をとるような範囲内」**でエントロピーを最大にしたいことになるんだな。そうするとボルツマン分布が出てくるんだ。ラグランジュの未定乗数法というのを使えば、すぐにできるんだが、計算が長くなるので省略。

奈々子さん なるほどね。ところで先生、荷物のほうはいいんですか？

先生 あ、そうだった。この本とこの本はぜったいに入れていきたいんだが、どうしてもは入らなくて…。

　先生は本を旅行鞄につめる作業を再開した。そこへ、助教がお茶部屋に入ってきた。

助教 先生、何やってるんですか？

先生 この本がどうしても入らないんだ。

助教 （あきれながら）先生、これらの本は前にスキャンして、電子化したばかりじゃないですか。先生のパソコンの中に入っているはずですよ。

先生 あれ、そうだったっけ?

奈々子さん 先生、エントロピーを偉そうに説明したわりには、実際の情報圧縮はたいしたことないわね。

先生 ううう。

4.5 自由エネルギーの変分原理

さて、ここまで正準統計の方法とその応用について一通り説明してきたのだが、統計力学の講義としてはいくつか不満な点が残る。それは、圧力や化学ポテンシャルなどの計算方法だ。これらの量は熱力学の関係式、

$$p = -\frac{\partial F}{\partial V}, \qquad \mu = \frac{\partial F}{\partial N}$$

で計算される、といってきたが、この関係式はあくまで熱力学の範囲で導かれたものだ。これらの関係式が統計力学の理論でも成り立つかどうか、まだちゃんと説明していなかった。この節以降では、熱力学の関係式を、統計力学の視点から見直すことにしよう。「熱力学の関係式で計算できることがわかれば十分だ」という読者は、この章の残りを読み飛ばしても全く差し支えない。

さて、これらの熱力学の関係式を統計力学で導くためには、ヘルムホルツの自由エネルギー F が持つある重要な特性が鍵となる。それは以下のようにまとめられる。

> **変分原理** 等温環境下で二つ以上の系があり、各系のヘルムホルツ自由エネルギーを F_i としたとき、熱平衡状態では
>
> $$F_{\text{tot}} = \sum_i F_i$$
>
> が最小となるような状態が実現される。

ここで変分原理とは「ある状態が実現するとき何かの値を最小 (もしくは最大) にしている」というような種類の性質のことをいっている (例えば、「シャ

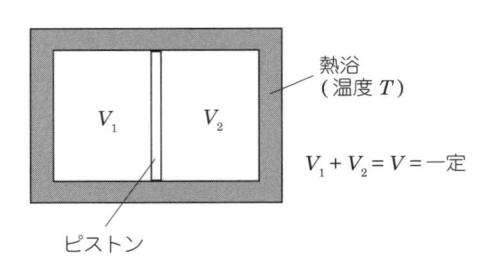

図 4.7 のような図：左右に V_1, V_2 に仕切られた容器、熱浴（温度 T）中、$V_1 + V_2 = V = $ 一定、ピストン

図 4.7 体積に関する変分原理を説明するための状況設定

ボン玉の膜は一番面積が最小になるような形になる」というのも変分原理の一種である)。このヘルムホルツ自由エネルギーが持つ変分原理はとても便利で、さきほどの熱力学の関係式を一発で導いてしまうことができる優れものの公式である。

これから、以下の手順で議論を進めていこう。まず、いったんヘルムホルツ自由エネルギーの変分原理を認めてしまって、そこから熱力学の関係式がどのように導かれるのかを見ることにする。次に、統計力学の視点から変分原理それ自身を導くことにしよう。この二つの議論を組み合わせれば、「**統計力学でも熱力学の関係式と同じ式がだせる**」ことが示せるのだ。

まず、圧力のほうから考えてみよう。温度 T の熱浴の中に入れられた体積 V の容器を考える。図 4.7 のように、容器を可動ピストンで左右に仕切り、それぞれに多数の分子からなる気体を封入したとする (別に気体でなくてもよいのだが、ここでは考えやすいように気体にしておく)。ピストンは左右に動くことができるようにしてあり、左右の容器の体積 V_1, V_2 は変化するものとする。しかし容器全体の体積は固定されていて、$V_1 + V_2 = V$ が常に満たされているとしよう。また、左右の容器にいれられているヘルムホルツの自由エネルギーを $F_1(T, V_1, N_1), F_2(T, V_2, N_2)$ としよう (N_1, N_2 は気体分子数だが、今の場合は固定されている)。

この状況で、さきほど紹介した「ヘルムホルツ自由エネルギーの変分原理」を適用してみよう。変分原理から、全系のヘルムホルツ自由エネルギー

$$F_{\text{tot}} = F_1(T, V_1, N_1) + F_2(T, V_2, N_2)$$

は、熱平衡状態で最小値を持つはずである。今、ピストンが左右に動くことができるので、V_1, V_2 だけが変化できるのだが、容器全体の体積 V は一定なので $V_1 + V_2 = V$ を常に満たしていないといけないことに注意しよう。よって、V_1 を動かしていったとき F_tot が最小となる条件 (熱平衡条件) は、

$$\frac{\partial F_\text{tot}}{\partial V_1} = \frac{\partial F_1}{\partial V_1} + \frac{\partial F_2}{\partial V_1} = \frac{\partial F_1}{\partial V_1} + \frac{dV_2}{dV_1}\frac{\partial F_2}{\partial V_2} = 0$$

となる。$V_2 = V - V_1$ から $dV_2/dV_1 = -1$ が成り立つので、熱平衡条件は結局、

$$\frac{\partial F_\text{tot}}{\partial V} = \frac{\partial F_1}{\partial V_1} - \frac{\partial F_2}{\partial V_2} = 0 \quad \Leftrightarrow \quad \frac{\partial F_1}{\partial V_1} = \frac{\partial F_2}{\partial V_2}$$

と書き表されることになるのだ。

ここで、今度は図 4.7 の状況で、何がおこるのかを物理的に考えてみよう。今、容器をへだてているピストンは、自由に左右に動くことができる。ピストンは左右の気体から圧力をうけるが、もし左右の気体の圧力が違っていると、ピストンは圧力の大きいほうの気体に押されて、左右のどちらかの方向に動き出すはずだ。そして、十分時間がたつと、ピストンは**「左右の気体の圧力がちょうど一致するような場所」**で静止するはずだな。この静止している場所が**「熱平衡状態」**に対応しているんだ。すなわち、さきほど導いた熱平衡状態の条件式 $\frac{\partial F_1}{\partial V_1} = \frac{\partial F_2}{\partial V_2}$ は、「左右の圧力が等しくなる条件式」になっているはずなんだな。ここまでくれば、もうわかるだろう。$\frac{\partial F_1}{\partial V_1}$ および $\frac{\partial F_2}{\partial V_2}$ を、左右の気体の圧力として定義してしまえば、うまくいくのである。しかし、そのまま定義すると、負の値がでてきてしまって不便なため、負号をつけて、

$$p = -\frac{\partial F}{\partial V}$$

と圧力を「定義」するのだ。

この授業ではこれまで、圧力というのは「熱力学の関係式」というありがたい道具を使って「計算されるもの」として扱ってきたが、本来は統計力学の範囲内でちゃんと定義しておかなければいけないものだったんだな。圧力はどんな定義でもいいわけではなく、「圧力が満たすべき性質を満足させるように」うまく定義する必要がある (第 2 章でやった温度の定義と論法は同じ)。

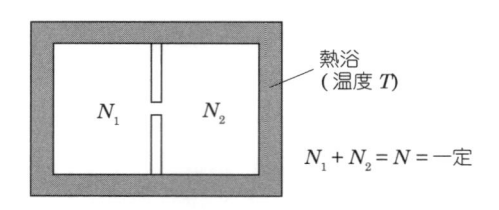

図 4.8 粒子数に関する変分原理を説明するための状況設定

統計力学では、現実の現象 (今の場合はピストンの動き) から、圧力を定義していくのだが、その仲介役となるのが「ヘルムホルツ自由エネルギーの変分原理」なのだ。

全く同じ方法で化学ポテンシャル μ に関する関係式も導くことができる。今度は、二つの系が「**粒子のやりとり**」をする場合を考えてみよう。図 4.8 のように、温度 T の熱浴に入れられた容器を壁で仕切り、左右に同じ種類の気体を封入する (別に気体でなくてもいいのだが、イメージしやすいように気体で考えよう)。今回は壁は固定してあるので、左右の気体の体積は変化しない。次に、壁に穴をあけ、粒子のやりとりを許すことにしよう。このときの左右の気体の粒子数を N_1, N_2 とする。容器全体は密閉されているものとし、全粒子数 $N = N_1 + N_2$ が常に一定であるとしよう。また、左右の容器内にある気体のヘルムホルツ自由エネルギーをそれぞれ $F_1(T, V_1, N_1)$, $F_2(T, V_2, N_2)$ とおこう (V_1, V_2 は左右の容器の体積だが、今は一定に保たれている)。

先に物理的に何が起こるかを考えよう。左右の容器をへだてる壁に穴をあけると、どちらかの容器から他方の容器へと気体が噴出する。しかし、十分時間がたつと気体の移動がおさまり、熱平衡状態が実現されると期待される。このとき、左右の容器内にはそれぞれどれくらいの量の気体があるだろうか。つまり、今から「**気体の移動が許されているときに、気体の移動が収まる条件 (=熱平衡条件) がどのように決まるか**」を問題にしたいのである。

さて、図 4.8 の状況で「ヘルムホルツ自由エネルギーの変分原理」を適用してみよう。今、動かすことのできる変数は N_1 だけである ($N_2 = N - N_1$ なので)。熱平衡状態ではヘルムホルツ自由エネルギーの和 $F_{\text{tot}} = F_1(T, V_1, N_1) +$

$F_2(T, V_2, N_2)$ が最小となっているから、F_tot が極小となる条件式、

$$\frac{\partial F_\text{tot}}{\partial N_1} = \frac{\partial F_1}{\partial N_1} + \frac{\partial F_2}{\partial N_1} = \frac{\partial F_1}{\partial N_1} + \frac{\mathrm{d}N_2}{\mathrm{d}N_1}\frac{\partial F_2}{\partial N_2} = 0$$

が成り立つ。ここで $N_2 = N - N_1$ から $\mathrm{d}N_2/\mathrm{d}N_1 = -1$ がいえるので、熱平衡状態となっているための条件式は

$$\frac{\partial F_\text{tot}}{\partial N_1} = \frac{\partial F_1}{\partial N_1} - \frac{\partial F_2}{\partial N_2} = 0 \quad \Leftrightarrow \quad \frac{\partial F_1}{\partial N_1} = \frac{\partial F_2}{\partial N_2}$$

と書き直すことができる。さて、この条件式を見ると、左右の気体で $\dfrac{\partial F_1}{\partial N_1}$ と $\dfrac{\partial F_2}{\partial N_2}$ が一致したときに、熱平衡状態 (=気体の移動がおさまった状態) が実現されるということがわかる。これより、気体の移動に関して重要な意味を持つ量として、

$$\mu = \frac{\partial F}{\partial N}$$

と**化学ポテンシャル**を「定義」することができるのだ。このようにして定義された化学ポテンシャルの持つ意味ははっきりしている。気体が移動して、容器にいれられている気体の分子数が変化するようなとき、「それぞれの気体の化学ポテンシャルが一致する ($\mu_1 = \mu_2$) ときに気体の移動がおさまる」のである。つまり、化学ポテンシャルは**「気体の移動をつかさどる量」**なのだ。これはちょうど、圧力が「気体の体積をつかさどる量」になっているのと相似している。

化学ポテンシャルはあまり馴染みのない量だから、もう少しその性質を述べよう。まずはじめに、左右の気体を隔てる壁の穴をふさいでおき、左右の化学ポテンシャルを μ_1, μ_2 として、$\mu_1 > \mu_2$ であったとしよう (図 4.9)。次に壁の穴をあけて気体の移動を許したとき、気体はどちらに移動するか？ 自由エネルギーの和 $F_\text{tot} = F_1 + F_2$ を N_1 で微分すると、すでにやった計算から、

$$\frac{\partial F_\text{tot}}{\partial N_1} = \frac{\partial F_1}{\partial N_1} - \frac{\partial F_2}{\partial N_2} = \mu_1 - \mu_2 > 0$$

がいえる。よって、N_1 が増加すると F_tot が増加することがわかる。これはいいかえると、「自由エネルギーが減少する方向は N_1 が減少する方向である」

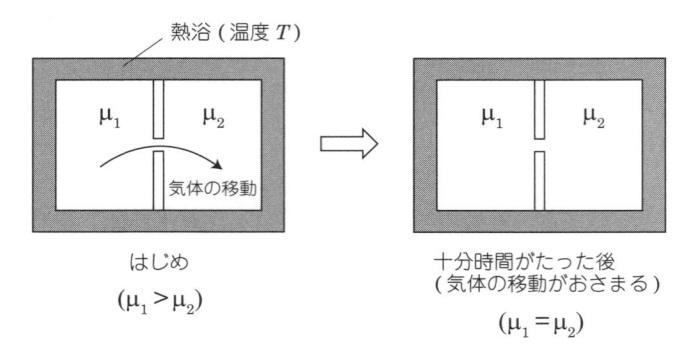

図 4.9 化学ポテンシャルと気体の移動方向の間の関係

のだ。つまり、「$\mu_1 > \mu_2$ のとき、気体は壁の穴を通して左から右に移動して N_1 が減少する」のである！ **化学ポテンシャルとは「高さ」の概念であり、位置エネルギーと同じようなものなのだ**(だから「ポテンシャル」という言葉がついている)。あたかも「高い場所から低い場所へ水が流れる」がごとく、化学ポテンシャルの高い場所から、化学ポテンシャルの低いほうへ、気体の移動が起こるのである(図 4.9)。

以上のように、ヘルムホルツ自由エネルギーに関する変分原理から、圧力や化学ポテンシャルをうまく定義できることを見てきた。あとは、統計力学から変分原理を導くことができれば、「一切熱力学の知識を借りることなく」すべての物理量が計算できるようになる。さっそく、変分原理を統計力学で導くことにしよう。

これまで考えてきたように、系全体が二つの系からなりたっているとし、ピストンの移動や壁の穴を通しての気体の移動などが起こりえるとする。ここで、ピストンの位置や、移動した空気の量などを表す状態変数 X を導入しておこう。抽象的な記号だが、これは要するにピストンの例で言えば「片方の気体の体積 V_1」にあたるし、粒子が移動する場合は「片方の気体の粒子数 N_1」に対応する。つまり状態変数 X は、変分原理を使うときに利用する連続変数だと思えばいい。さらに二つの系のヘルムホルツ自由エネルギーが状態変数 X によって、$F_1(X), F_2(X)$ と表されているとしよう。

次に、X がある値に固定されている (=ピストンが固定されている or 壁の穴がふさがれている) とし、その状態で熱平衡状態が実現していたとして、それぞれの系でボルツマン分布を考えよう。一方の系のエネルギー準位を $E_n^{(1)}$ ($n = 1, 2, 3, \cdots$)、他方の系のエネルギー準位を $E_m^{(2)}$ ($m = 1, 2, 3, \cdots$)、とかくことにする。さらに、これらのエネルギー準位の値は、X の値に依存しているので、それを強調するために $E_n^{(1)}(X)$、$E_m^{(2)}(X)$ とかくことにする。このとき、「状態変数が X であり、かつ片方の系がエネルギー $E_n^{(1)}(X)$ をとり、かつ他方の系が $E_m^{(2)}(X)$ をとっている確率 $P(E_n^{(1)}, E_m^{(2)}; X)$」は、ボルツマン分布の式より、

$$P(E_n^{(1)}, E_m^{(2)}; X) \propto e^{-\beta E_n^{(1)}(X)} \times e^{-\beta E_m^{(2)}(X)}$$

とかける。ここで $\propto$ は比例を表す記号である。これをすべての状態 m, n で和をとってやれば、状態変数 X の確率分布関数 $P(X)$ が得られる。

$$\begin{aligned} P(X) &= \sum_{n,m} P(E_n^{(1)}, E_m^{(2)}; X) \\ &\propto \sum_{n,m} e^{-\beta E_n^{(1)}(X)} \times e^{-\beta E_m^{(2)}(X)} \\ &= \left(\sum_n e^{-\beta E_n^{(1)}(X)} \right) \times \left(\sum_m e^{-\beta E_m^{(2)}(X)} \right) \end{aligned}$$

この式をよーく見ると、分配関数そのものが現れていることがわかるな。分配関数の定義 $Z_1(X) = \sum_n e^{-\beta E_n^{(1)}(X)}$、$Z_2(X) = \sum_m e^{-\beta E_m^{(2)}(X)}$ を使えば、

$$P(X) \propto Z_1(X) \times Z_2(X)$$

と、非常に簡単な形にかけてしまうのである。さらに自由エネルギー公式を使うと、$Z_1(X) = \exp(-\beta F_1(X))$ および $Z_2(X) = \exp(-\beta F_2(X))$ と、分配関数を自由エネルギーで書き直すことができる。これを使うと、

$$P(X) \propto e^{-\beta(F_1(X) + F_2(X))}$$

が得られる。

さあ、あと少しだ。この分布関数 $P(X)$ のグラフをかいてみると、図 4.10 のように状態変数 X がある値 $X = X^*$ のところで非常に鋭いピークを持つこ

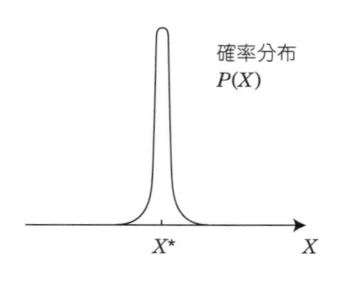

図 4.10 分布関数 $P(X)$ のグラフ

とがわかる (ピークが鋭くなる理由はすぐあとで説明する)。よって、状態変数 X が自由に変化する場合であっても、このピークでの値 $X = X^*$ をとる確率が圧倒的に大きいのだ。$P(X)$ のピークの位置は、さきほど出した関係式 $P(X) \propto e^{-\beta(F_1(X)+F_2(X))}$ から、「二つの系のヘルムホルツ自由エネルギーの和 $F_1(X)+F_2(X)$ が最小となる位置」となっていることがすぐにわかる。これは、ヘルムホルツ自由エネルギーの変分原理に他ならない！こうして、変分原理が統計力学から導かれるのである。

最後にピークが鋭くなる理由だけ、ざっと説明しよう。きちんと証明しようとすると、かなり煩雑な数式がでてきて、諸君を迷いの竹林に導いてしまうから、ここでは例を使って「ピークが鋭いはずだ」というだいたいの感じをつかんでもらうだけにとどめよう。まず、この節のはじめに考えた「容器内のピストンが移動する」場合を考えよう (図 4.7)。十分時間がたったときにピストンの移動が静止すると述べたが、もし仮にピストンと容器の間の摩擦が無視できると、実はピストンは静止できないのだ。というのも、ピストンは左右の気体から圧力によって力を受けるのだが、気体の圧力は分子の衝突によって生じるので、圧力そのものが揺らぐ。ある瞬間には多く分子が衝突して圧力が増える瞬間もあれば、逆に分子の衝突が少なくなって圧力が減る瞬間もあるのだ。このような圧力の揺らぎがあるために、ピストンの位置も揺らぐわけである。これが確率分布 $P(X)$ が幅を持つ理由である (X はここでは体積 V_1 すなわちピストンの位置を表すことに注意)。しかし、日常生活で圧力の揺らぎなど感じたことがあるだろうか？　ないだろう？　実は「衝突する分子の

数」が非常に大きければ、それらの分子があたえる力積の平均値はほぼ一定で、揺らぎは無視できるんだ。言い方を変えると、ここでも「大数の法則」が成り立っているわけだな。分子数が莫大であることが、「圧力がほぼ一定である＝確率分布 $P(X)$ のピークは十分鋭い」ことを保証してくれるのである。同じことは、化学ポテンシャルに対してもいえる。この場合は、気体分子が穴を通して移動しているわけだが、気体の移動が落ち着いたようにみえても、壁の穴を通して気体分子の移動は起こり続ける。つまり、左右の容器の気体分子数は揺らぐ。しかし、分子数が莫大であるがために、その揺らぎは無視できるほど小さいのである。

　最後に一言だけ、注意がある。以上の統計力学の議論では、**「系は常に熱平衡状態にある」**ことを暗に仮定してしまっている。そうでないと、ボルツマン分布が使えないからである。しかし、ピストンの移動にしても、壁に穴をあけるにしても、気体の変化が急激であると、変化の途中で熱平衡状態から大きくはなれた状態 (**=非平衡状態**) が実現されてしまう。このような場合は統計力学は非力なんだ。つまり、この節の議論は、「ピストンを徐々に動かす」とか「非常に小さな穴を壁にあける」などのような非常にゆっくりとした変化 (準静的変化という) のときだけ有効な議論である。でも、実は乱暴に気体を操作しても、本節の結論は変わらない。ポイントは、熱浴で囲ってあることである。乱暴にやろうが、ゆっくりやろうが、温度 T の熱浴の中にあると、必ず十分時間がたったあとにただ一つの熱平衡状態に到達することが保証されるのだ。だから、本節の「ゆっくりとした変化だけを考えた議論」で間違えることがないのである。ちなみに、もし容器が断熱壁に囲まれていたとすると、こうはいかない。「ピストンの動かし方」とか「穴のあけ方」に依存して、最終状態が変化してしまう。温度 T の熱浴が、考える状況を一気に簡単にしてくれたのである。

4.6　自由エネルギーは何が「自由」なのか

　ところで、ヘルムホルツの自由エネルギーの**「自由」**とはどういう意味だ

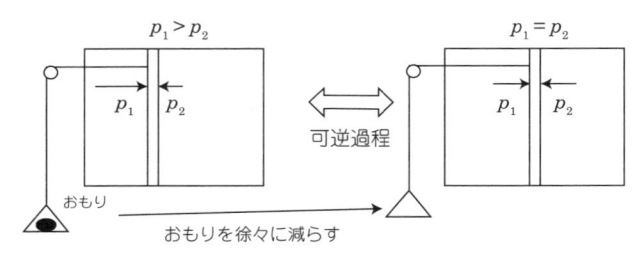

図 4.11 自由エネルギーの意味

(a) 何もせずストッパーをはずす
$p_1 > p_2$ → $p_1 = p_2$
不可逆過程（$F_1 + F_2$ が減少）

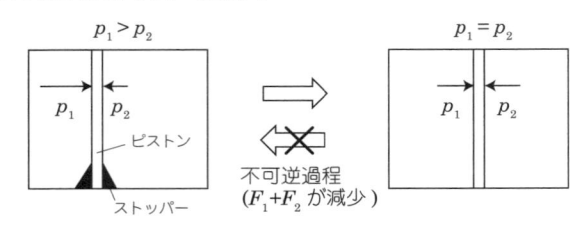

(b) おもりとつり合わせながら徐々に動かす
$p_1 > p_2$ ⇔ $p_1 = p_2$
可逆過程
おもりを徐々に減らす

ろう。何が「自由」なんだろうか。それを考えるために、図 4.11 のような状況を考えよう。さきほどと同じように容器をピストンで仕切って、左右に気体を封入しておき、全体を温度 T の熱浴の中におく。はじめピストンの位置をストッパーで固定しておき、左の気体のほうが圧力が大きいとしておこう。まず、何もせずに単にこのストッパーを外すことを考えよう（図 4.11(a)）。このとき、ピストンは右に移動して、左右の圧力が等しくなったところで静止する。この過程は不可逆過程であることは言うまでもないだろう。ヘルムホルツの変分原理より、十分時間がたったとき自由エネルギーの和 $F_1 + F_2$ は最小となる。つまり、図 4.11(a) の不可逆過程の前後で、自由エネルギーの和 $F_1 + F_2$ が減少しているはずである。

さて、自由エネルギーの和 $F_1 + F_2$ が減少しているといったが、これは**「本来は使えたはずのエネルギーが不可逆過程で無駄に捨てられてしまった」**といういうことを意味するんだ。それを説明するために、今度はピストンに糸

をつけて、滑車を通しておもりをつなげておこう (図 4.11(b))。おもりの重さを圧力差に相当するようにうまく選んでおくと、ストッパーを外してもピストンはつりあいを保つことができるようになる。次におもりの量を少しずつ減らしていくと、ピストンは徐々に右に動いていき、おもりの重さがゼロになったときにつりあいの位置に到達する。この過程は可逆過程だ。なぜなら、またおもりを徐々に増やしていけば、はじめの状態にもどすことができるからである。さて、ピストンがはじめの状態からつりあいの位置まで動くとき、自由エネルギーの和 $F_1 + F_2$ はやはり減少する。しかし、さきほどと違うのは、この過程でピストンが外部に仕事していることである。おもりに対する仕事を、圧力の定義式を用いて計算してやると、「自由エネルギーの減少分＝おもりに対する仕事」という関係にあることがすぐにわかるはずだ。実は自由エネルギーが減少しているときは、「工夫すればその過程を使って必ず外部に仕事をすることができる」ということを意味するのである。しかしそれは「工夫すれば」の話で、はじめの例のように何も工夫しないと、エネルギーを取り出せるせっかくの機会を逃してしまう。ということで、自由エネルギーは、**「仕事として取り出すチャンスがあるエネルギー」** という意味を持っているのだ。そして、自由エネルギーの「自由」は、**「人間が (その気になって工夫すれば) 仕事として自由に取り出せるエネルギーの量」** という意味の「自由」なのである。

いまいちピンとこない人のために、じゃあ、普通のエネルギー E はどうなんだ、ということを考えてみよう。普通のエネルギー E は、単に構成している原子・分子の持つエネルギーの総和だな。ここから原子・分子の熱運動のエネルギーから、エネルギーを仕事として取り出すことは、エネルギー保存則 (= 熱力学の第一法則) をやぶらないから、できそうな気がする。しかし、やっぱりそうはいかないことがすぐにわかるだろう。例えば、温度 T の熱浴と接している単原子分子理想気体では、一分子あたり $\frac{3}{2}k_\mathrm{B}T$ のエネルギーを持っている。ここからエネルギーを取り出すということは、「物質の温度を下げて、物質からエネルギーを仕事として取り出す」ということを意味する。しかし、残念ながらこれは熱力学の第二法則により禁止されているのだ。そもそも、こんなことができたら、熱からエネルギーをとりだす究極の熱機関がで

きるから、エネルギー問題は解決してしまうな。現実には「熱から無尽蔵にエネルギーを引き出すわけにはいかない」のであって、**人間が自由に使えるエネルギーには限りがあるのだ**。ちなみに蛇足かも知れないが、世の中で注目を集めている「エネルギー問題」という言葉だが、これは物理的に間違っている。正しくは**「自由エネルギー問題」**と言い直すべきだな。

4.7 最後の砦：エントロピー公式

いよいよこの章の最後の節になった。第4章の後半は、「熱力学の関係式を統計力学で導くにはどうしたらいいか」ということをずっとやってきた。だいたいのことは説明したつもりだが、一つだけ説明していない関係式がある。それは、ヘルムホルツの自由エネルギー F からエントロピー S を求める公式

$$S = -\frac{\partial F}{\partial T}$$

である。熱力学では、エネルギー E の全微分系 (熱力学の第一法則) からルジャンドル変換を使うことで、この公式が導出された。しかし、もともと自由エネルギー F も温度 T も、統計力学の範囲でよく定義されたものなのだから、このエントロピーに関する関係式は、すべて統計力学の言葉で導けるはずのものである。これを、この章の最後のテーマとしよう。ただし、この節はある意味「マニアック」である。熱力学の関係式を素直に信じられる方は、読み飛ばしても全くかまわない。ただ、この節を一通り読んで理解すれば、**「統計力学の理論の枠組みの中に、ルジャンドル変換が実に巧妙に埋め込まれている」**ということが理解できるだろう。統計力学の舞台裏を見せることで、「なぜこんなにも統計力学がうまくいっているのか?」という疑問に少しでも答えようというのが、この節の目的である。

この章のはじめのほうで自由エネルギー公式を導いたが、そのときの導き方を思い出してみよう。まず、系の分配関数 Z がエネルギー E と状態数 $W(E)$ を使って、

$$Z = \int_{E_0}^{\infty} dE \, W(E) e^{-\beta E}$$

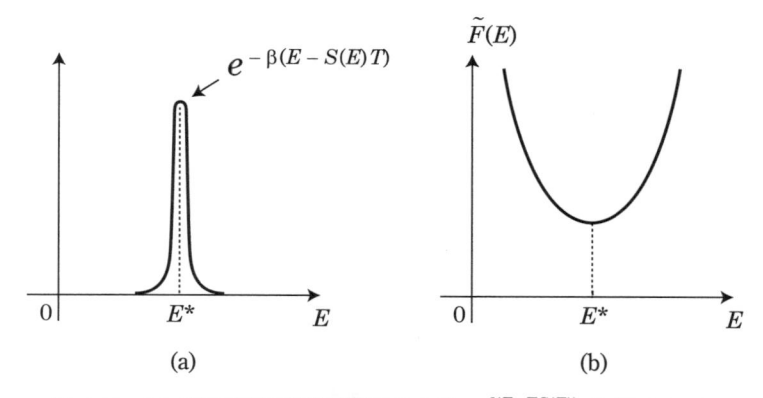

図 4.12 (a) 分配関数に現れる積分の中身 $e^{-\beta(E-TS(E))}$ のグラフ、(b) 関数 $\tilde{F}(E) = E - TS(E)$ のグラフ

と表されていた ($\beta = 1/k_\mathrm{B}T$)。状態数はエントロピー $S(E)$ を使って、$W(E) = \exp(S(E)/k_\mathrm{B})$ とかかれるので、分配関数は

$$Z = \int_{E_0}^{\infty} dE \, e^{-\beta(E-TS(E))}$$

と書き直すことができる。ここで、積分の中にある $e^{-\beta(E-TS(E))}$ をエネルギー E の関数でかくと、図 4.12(a) のように $E = E^*$ で鋭いピークを持つのであった。積分をこのピークでの値で近似してしまい、$Z \approx e^{-\beta(E^* - TS(E^*))}$ とすれば、自由エネルギー $F = E^* - TS(E^*)$ と分配関数 Z の間の関係式が得られるわけだ。

さて、積分の中にある $e^{-\beta(E-TS(E))}$ の指数の部分にある式を、$\tilde{F}(E) = E - TS(E)$ という風に関数 $\tilde{F}(E)$ で表しておこう。ここで $\tilde{F}(E)$ は自由エネルギーでは「ない」ことに注意しよう。積分の中身 $e^{-\beta(E-TS(E))} = e^{-\beta\tilde{F}(E)}$ が最大値を持つ場所は、この関数 $\tilde{F}(E)$ が最小値をとる場所と一致する。よって、関数 $\tilde{F}(E)$ をグラフにすると、図 4.12(b) のように $E = E^*$ で最小値を持つような曲線となる。

さて、ここからが肝心だ。まず、E^* の意味をはっきりさせよう。これは関数 $\tilde{F}(E)$ を最小にするような E の値のことであるが、$\tilde{F}(E)$ を最小にする条

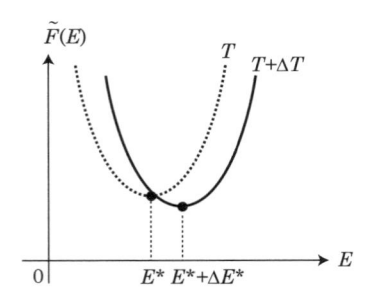

図 4.13 温度を T から $T+\Delta T$ へ変化させたときの $\tilde{F}(E)$ のグラフの変化

件は

$$\frac{\mathrm{d}\tilde{F}}{\mathrm{d}E} = \frac{\partial}{\partial E}(E - TS(E)) = 1 - T\frac{\mathrm{d}S}{\mathrm{d}E} = 0$$

となる。少し式を整理すれば、$E = E^*$ を決める条件式は

$$\frac{\mathrm{d}S}{\mathrm{d}E} = \frac{1}{T}$$

となるのだが、これはどこかでみたことがないだろうか。そう、**温度の定義そのもの**なのだ。正準統計の方法では、はじめから温度 T が熱浴の温度として与えられてしまっている。そのため、与えられた温度 T に対して、「温度の定義を満たすようにうまくエネルギーを調節する」ことが必要だったのだ。そうやって調整されたエネルギーが E^* なのである。この作業は、我々が自覚しなくても、分配関数の積分表示に現れる「$e^{-\beta\tilde{F}(E)}$ の因子」が最大になるところを探すだけで、自動的に E^* が決められてしまっているのだ。つまり、「**温度の定義を満たすようにうまくエネルギーを調節する**」という手続きが、統計力学の理論の中に、「**分配関数の積分評価**」を通して自動的に組み込まれてしまっているのである。

次はヘルムホルツ自由エネルギー F だな。これは関数 $\tilde{F}(E)$ の最小値として定義される:

$$F(T) = \min_{E} \tilde{F}(E) = F(E^*) = E^* - S(E^*)T$$

ここで、ヘルムホルツの自由エネルギー $F(T)$ はエネルギー E の関数ではなく、温度 T の関数になっていることに注意しよう。今から考えたいのは、自由エネルギー $F(T)$ の微分である。そのためには、温度 T を変化させなければいけない。温度が T から $T+\Delta T$ へと変化したときの、関数 $\tilde{F}(E)$ の変化は図 4.13 のようになる。最小値が E^* から $E^*+\Delta E^*$ へと変化することに注意しよう。このとき、自由エネルギーの変化は、

$$\Delta F = (E^* + \Delta E^*) - S(E^* + \Delta E^*) \times (T + \Delta T) - E^* + S(E^*)T$$
$$\approx \Delta E^* - \frac{dS}{dE}(E^*)\Delta E^* \times T - S(E^*)\Delta T$$

となる。途中で、一次近似 $S(E^*+\Delta E^*) \approx S(E^*)+(dS/dE)\Delta E^*$ を用い、$\Delta E^* \Delta T$ は高次の微小量なので無視した。さて、最後の式で $\tilde{F}(E)$ が最小値をとる条件が

$$\frac{dS}{dE}(E^*) = \frac{1}{T}$$

で与えられることを使うと、第一項と第二項が打ち消しあい、

$$\Delta F = -S(E^*)\Delta T \quad \Leftrightarrow \quad S(E^*) = -\frac{\Delta F}{\Delta T}$$

と整理される。最後の式で $\Delta T \to 0$ とすると、待望のエントロピー公式

$$S = -\frac{\partial F}{\partial T}$$

が導出されるのだ (体積 V, 粒子数 N は固定されていると考えているので、偏微分が現れる)。なお、ここでやった計算は「エントロピー $S(E)$ から自由エネルギー $F(T)$ へのルジャンドル変換 (の一種)」になっている。つまり、小正準統計で重要となる $S(E)$ から正準統計の方法の要となる $F(T)$ へ、いつのまにかルジャンドル変換が行われていたのだ。**このルジャンドル変換は、「分配関数を鋭いピーク位置だけで評価する」ことを通して自動的に統計力学に組み込まれているのである！**

このようにして、すべての熱力学の関係式は統計力学の考え方のみから導くことができる。熱力学の助けを借りなくても済むのだな。でも、「熱力学の関係式は統計力学から導かれる」というのは、ちょっと表現として物足りな

い。統計力学の枠組みの中には、熱力学の種々の公式が「埋めこまれている」といったほうがしっくりくる。それほどまでに、統計力学と熱力学の間には深い縁があるのである。

おもしろゼミナール

　そろそろ夏の兆しが現れてきたある日のことだった。国際会議から帰ってきた先生は、お土産のお菓子と紅茶をどっさりとお茶部屋に持ち込んで学生と歓談していた。

奈々子さん　先生は海外出張でいろいろな国に行けていいですね。

先生　そんな遊びに行ってるようなことは言わないでくれ。海外の物理学者と交流し、最新の研究成果について議論してくるのはとても重要なことなんだぞ。

奈々子さん　物理学者って、普段はいったい何をしているの?

先生　そりゃ、研究をしているのさ。そしてそれを論文にしてまとめて、研究雑誌上で出版することが主な仕事なんだ。

奈々子さん　あ、わかった。雑誌に掲載して、原稿料をもらうんでしょ!

先生　そうだったらいいんだが、逆に投稿料を払って掲載してもらうんだ。

奈々子さん　やっぱりよくわからない世界だわ。あ、そういえば授業で質問があったんだ。授業で化学ポテンシャルというのがでてきたけれども、いまひとつピンとこないわ。化学ポテンシャルって、いったいどういう量なの?

先生　化学ポテンシャルは、熱力学や統計力学で出てくる量の中でも1、2を争うほどわかりにくい量かもしれん。じゃあ、たとえ話で説明しようか。実はわしがこの大学に赴任した当初、大学の教員宿舎にいたんだが、この教員宿舎の裏が池になっておってな。毎年、ちょうどこれぐらいの季節になると、カメムシが大量に発生したんじゃ。

奈々子さん　いきなりカメムシ?化学ポテンシャルと関係あるの?

先生　まぁ、最後まで聞いてくれ。カメムシが発生すると大変だ。シーツやタオルを干しておこうものなら、カメムシがびっしりと張り付いてしまうんだ。そしてある日、悲劇が起こった。窓を閉め忘れたまま、一日中外出してしまっ

たんだ。何が起こったか?

奈々子さん うわー、簡単に想像できるわ。

先生 部屋はカメムシだらけになっていたんだな。さて、この現象をもっと詳しく見てみよう。カメムシは別に部屋に入ってきたくて動いているわけではないよな。カメムシはランダムな動きをしながら行動していると仮定しよう。そうすると、たまたま窓の近くまできたカメムシのうち、一定の割合のカメムシが部屋の中に入ってくるんだ。それで徐々に部屋の中のカメムシの数が増えていく。でも、限りなく増えていくわけではないよな。

奈々子さん 部屋から出て行くカメムシがいるわね。

先生 そう、中から外へ出て行くカメムシが徐々に増えていくはずだ。結局、十分時間がたったときに、部屋の中にいるカメムシの数はほぼ一定となるはずだ。このとき、外から中に入ってくるカメムシの数と、中から外に出て行くカメムシの数が一致しているはずだな。

奈々子さん そんなに部屋の中にカメムシがいたの。

先生 ああ、ひどいもんだったな。はっはっは。さて、このとき**「カメムシの化学ポテンシャル」**というものが定義できるんだ。部屋の外のほうが中より化学ポテンシャルが高いと、そとからカメムシがどんどん流入してくる。しかし部屋の中のカメムシの増加とともに、部屋の中の化学ポテンシャルが増大しはじめるんだ。そして、部屋の内外で化学ポテンシャルが一致したところで、それ以上カメムシの数が変化しなくなるのだ。このたとえ話で「カメムシ」を「気体分子」に置き換えて考えれてみれば、統計力学の話になるんだよ。

奈々子さん うーん、嫌な例えだけど、なんとなくイメージできたわ。それから、もう一つ質問があるんですが。化学ポテンシャルの「化学」の由来はなんなの?

先生 化学反応で大活躍するからじゃな。簡単な例を一つ見せておこう。次のような化学反応がある。

$$N_2 + 3H_2 \longleftrightarrow 2NH_3$$

これは窒素と水素が反応してアンモニアになる反応だな。この反応式の矢印が両矢印になっているのは、「窒素と水素からアンモニアができる反応」が起

こると同時に、「アンモニアが分解して窒素と水素になる反応」も同時に起こっているからだ。ある条件下でこの反応を起こさせると、十分時間がたてば窒素・水素・アンモニアの濃度が一定になるんだ。そのような化学反応が拮抗して、ある平衡状態に至っているとき、この状態を化学平衡という。化学平衡を考えるときは、化学ポテンシャルが大活躍するよ。

奈々子さん あ、そうか。化学反応が起こると、気体分子の数が変わってしまうものね。

先生 その通り。化学平衡が実現されているときは、熱平衡状態でそれぞれの気体の化学ポテンシャルが、

$$\mu_{N_2} + 3\mu_{H_2} = 2\mu_{NH_3}$$

という関係式を満たすことがわかる。この式は自由エネルギーの変分原理をきちんと考えれば導くことができるが、化学ポテンシャルは「気体の分子数の変化」をコントロールする量だから、直感的にもわかる式になっているだろう？ さて、理想気体の化学ポテンシャル μ は

$$\mu = -k_B T \log\left[\frac{V}{N}\left(\frac{2\pi m k_B T}{h^2}\right)^{3/2}\right]$$

と計算されていたのを覚えているかな。今、温度 T は一定で、気体の分子数密度 $n = N/V$ だけを問題にしたいので、

$$\mu = k_B T \log n + (\text{一定値})$$

という関係だけに注目すれば十分だ。これを使えば、さきほどの化学平衡の条件は、

$$k_B T(\log n_{N_2} + 3\log n_{H_2} - 2\log n_{NH_3}) = (\text{一定値})$$

と書き直せる。これより、化学で有名な化学平衡の法則

$$\frac{n_{N_2} \times (n_{H_2})^3}{(n_{NH_3})^2} = (\text{一定値})$$

が言えるんだ。

奈々子さん　あ、その式、化学の授業でみたことあるわ。すごいわね。統計力学はそこまでできるんだ。

先生　えっへん。といっても私の発見じゃないがな。ちなみに以上の議論はあちこちいいかげんだ。例えば、化学ポテンシャルは本当は二原子分子や多原子分子のものを計算しないとダメだ。でも化学平衡の法則の式は、その効果を考えても同じ形になる。それから、同じく化学平衡に関する他の法則「ルシャトリエの法則」も、統計力学で考えれば…。

　ちょうどそのとき、外からスーツを着たサラリーマン風の男の人がお茶部屋に入ってきた。

先生　おう、来客だ。これから仕事の打合せなんだ。それでは失礼するよ。

　そうして、先生はお茶部屋から出て行った。

奈々子さん　先生は何をしにいったの？

助教　それが、なんでも、会社の方から「カオス洗濯機」と「$1/f$ 揺らぎ皿洗い機」を開発できないものかと相談があったらしいですよ。私はやめてくださいといってお願いしたんですが、先生はすごい乗り気なんです。さっきの人は、その会社の方だと思いますよ。

奈々子さん　そんなものが売れるわけないでしょう！　なんで簡単なことがわからないのかしら。カオスなのは「見かけ」だけにしてほしいものだわ。

第5章

グランドカノニカルでグランドフィナーレ

いよいよ最後の章となった。この章では、粒子の非個別性を適切に取り扱う手法を説明する。これまで学んだことを総動員することになるが、がんばってついてきてほしい (ここまで学んできた諸君ならきっと大丈夫だ)。本章の最後には「**なぜ、気体を冷やすと液体へと状態変化 (相転移) するか**」という、根源的でかつ刺激的な問いに、統計力学がどのような答えを与えるのかを見てみることにしよう。

5.1 理想気体で生じる不可解な現象

この章では粒子の非個別性を扱うわけだが、「第4章でやったように分配関数を $N!$ で割っておくだけでいいのでは?」と思う人もいるかも知れない。でも、それだけでは不十分なのである。まず、例として理想気体を考えてみよう。前の章で計算したエントロピーの結果をもう一度かいてみる:

$$S = Nk_\mathrm{B}\left(\log\left(\frac{V}{N}\right) + \frac{5}{2} + \frac{3}{2}\log\left(\frac{2\pi mk_\mathrm{B}T}{h^2}\right)\right)$$

ちなみに分配関数はちゃんと $N!$ で割ってある。この式で、温度 T をゼロに近づけることを考えよう。そうすると、括弧内の最後の対数にある温度依存性から、エントロピーが負になる。でももともとのエントロピーの定義は

$S = k_\mathrm{B} \log W$ で、状態数 W は 1 以上であるから、**エントロピーは負になってはいけない**はずなのだ。

　もう少し式を使って考えてみよう。エントロピーの表式の大きな括弧内をすべて log の中に入れてしまうと、

$$S = Nk_\mathrm{B} \log\left(\frac{V}{N} e^{5/2} \left(\frac{2\pi m k_\mathrm{B} T}{h^2}\right)^{3/2}\right)$$

となるから、これが正になるためには、

$$\frac{V}{N}\left(\frac{2\pi e^{5/3} m k_\mathrm{B} T}{h^2}\right)^{3/2} > 1$$

でないといけない。今、体積 V と粒子数 N が一定であるとすれば、この条件式は、

$$T > T_0 \equiv \frac{h^2}{2\pi e^{5/3} m k_\mathrm{B}}\left(\frac{N}{V}\right)^{2/3}$$

と書き直すことができる。実際に、摂氏 0 ℃・1 気圧のもとで理想気体が **22.4mL** であることを使い、気体分子の質量 m を窒素分子の質量ととると、T_0 はおよそ **0.003K(=ほぼ −273 ℃)** となる。よって、通常の気体が室温付近にあれば、エントロピーは絶対に負になることはなく、そのような領域では前の章の結果は正しいのである。しかし、気体の温度をどんどん下げていくと、ある温度以下で、前の章でやった計算結果は怪しくなってくる。本来正になるはずのエントロピーが負になってしまうのは、その兆候なのだ。よって、前の章までの計算のどこかに、まだ不十分な点があるはずだ。

　「そんな温度が低い領域は、めったに現れないから、気にしなくてもいいのではないか？」と考える人もいるかも知れない。確かに多くの気体・液体で、上記の不具合がでてくるのは非常に低温に限られているから、ほとんどの場合は気にしなくてもよい。ところが、応用上極めて重要でかつ、上記の困難が避けられないものがある。それは金属中の自由電子である。金属中では、電子は自由に運動しているため、電子はあたかも理想気体のように近似的に振る舞う。この場合、さきほどの T_0 が (物質の種類によるが)**10000K** 程度にまで達してしまう。これは自由電子の数密度 N/V が気体の場合にくらべ **1000 倍**

(a) エネルギー準位　　　(b) 箱による表現

図 5.1 エネルギー準位と箱による表現

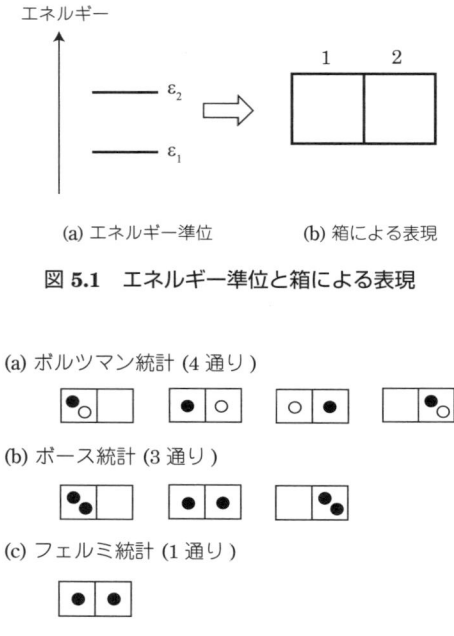

(a) ボルツマン統計 (4 通り)

(b) ボース統計 (3 通り)

(c) フェルミ統計 (1 通り)

図 5.2 統計による状態の数え方の違い

程度あることと、電子質量 m が窒素分子の質量にくらべ 10000 分の 1 程度であることの二つが同時に効いていることによる。ゆえに、金属の性質を議論する際には、室温 (300K) であっても、さきほどのエントロピーが負になる不具合を解消しておかないといけないのだ。ちなみに金属中の自由電子の性質は、金属の性質 (電気抵抗とか比熱とか) を考える上でとても重要であり、現代の物性科学の基礎をなしているのだ。

5.2　ボース統計とフェルミ統計

理想気体の分配関数の計算方法がまだ不十分であるといったが、それは状態の勘定の仕方に問題があるからだ。一番簡単な例として、エネルギー準位が

二つある場合を考えよう。エネルギー準位は通常、図 5.1(a) のように、縦軸をエネルギーとして、とびとびのエネルギーの場所に横線をかいて表す。しかし、ここでは説明をわかりやすくするために、この二つのエネルギー状態を図 5.1(b) のように箱として表現してみよう。この二つの箱に二つの粒子を入れることを考える。まず、2 個の粒子が区別できるものとして、箱に入れる入れ方を考えよう。そうすると、図 5.2(a) のように、4 通りの入れ方がありえる。このような状態の勘定の仕方を、ボルツマン統計と呼ぶ (正式にはマクスウェル・ボルツマン統計という二人の物理学者にちなんだ名前がついているのだが、長いので省略する)。この勘定の仕方は、正準統計で言えば、独立な N 個の系の分配関数公式 $Z = Z_1^N$ (Z_1 は 1 個の系の分配関数) を出すときに使った方法と同じであり、前の章の理想気体の計算で分配関数を $N!$ で割らない場合の計算に対応している。もちろん、粒子はどのような方法をもってしても区別できないので、この勘定の仕方は間違っている。ではどのように勘定すべきかといえば、図 5.2(b) のように**粒子を区別せずに勘定すべきなのだ**。今の場合、3 通りの入れ方があることになる。つまり、箱 1 と箱 2 に入っている粒子の数を n_1, n_2 とすれば、$(n_1, n_2) = (2,0), (1,1), (0,2)$ の三つの異なる状態がでてくる。このような数え方を**ボース統計**という (正式にはボース・アインシュタイン統計というが、これも長いから略す)。このような数え方をしなければいけない粒子のことを**ボース粒子**という。

これで終わりなら平和なのだが、実はもう一つ重要な数え方がある。それは、図 5.2(c) のような数え方だ。これは**「同じ箱に二つ以上の粒子がこない」**という条件をつけた数え方のことである。このように数えると、今の場合は 1 通りの入れ方しかなく、$(n_1, n_2) = (1,1)$ の状態しかない。このような統計を**フェルミ統計** (正式にはフェルミ・ディラック粒子) といい、このように数えなければいけない粒子のことを**フェルミ粒子**という。フェルミ粒子がこのような勘定をしなければいけないのは、次の量子力学の重要な性質に基づく。

> **パウリの排他律**　同種フェルミ粒子は同じエネルギー状態に二つ以上入ることができない

種類	例
フェルミ粒子	電子、陽子、中性子、^{3}He(フェルミ粒子奇数個)
ボース粒子	光子、^{4}He(フェルミ粒子偶数個)

図 5.3 フェルミ粒子・ボース粒子の例

　統計力学では「パウリの排他律」はそういうもんだと思ってもらえば十分なのだが、気になる人のために少し補足しておこう。量子力学では波動関数に関する性質 (波動関数の粒子の入れ替え対する波動関数の対称性) によってボース粒子とフェルミ粒子を区別している。具体的にいうと、2 粒子の波動関数 $\psi(x_1, x_2)$ というものを考えるんだ。ここで $|\psi(x_1, x_2)|^2$ が「粒子 1 が x_1 に、粒子 2 が x_2 にいる確率」を与える。しかし、量子力学では粒子が区別できないので、$|\psi(x_1, x_2)|^2 = |\psi(x_2, x_1)|^2$ となるはずだ。このような関係をみたすために、波動関数が満たすべき対称性は 2 通りある:

$$\psi(x_1, x_2) = \pm \psi(x_2, x_1)$$

ここで + を選ぶとボース粒子、− を選ぶとフェルミ粒子となるのだ。さて、フェルミ粒子に対して $x_1 = x_2$ としてみよう。そうすると、対称性を表す式は $\psi(x_1, x_1) = -\psi(x_1, x_1)$ となり、$\psi(x_1, x_1) = 0$ が結論される。これは「粒子が同じ状態をとりえない」ことを表しているんだ。これよりパウリの排他律が結論されるのである。一方、ボース粒子に対して $x_1 = x_2$ としても何も起きない。よって、ボース粒子には何も条件がつかないのである。

　まあ、ここでは量子力学のことをちゃんと理解する必要はない。統計力学では「パウリの排他律」をフェルミ粒子の定義と思っていてもらってもいいくらいである。統計力学で重要なのは、「フェルミ粒子とボース粒子で状態の勘定の仕方が異なる」という一点のみなのだ。

　現実の粒子がフェルミ粒子・ボース粒子のどちらになるかは、次のルールに従って決まる。すでに見たように、電子はフェルミ粒子である。また陽子・中性子もそれぞれフェルミ粒子である (なぜかとは問わないでくれ。自然はそのようにできているとしかいいようがない)。すべての原子はこの 3 種の素粒

子からできあがっているのだが、このとき**「フェルミ粒子が偶数個集まった粒子はボース粒子、奇数個集まった粒子はフェルミ粒子」**という規則によって、ボース粒子かフェルミ粒子かが決まる。これを見てわかるのは、同じ原子でも同位体によって統計性が違うことだ。例えば、ヘリウム 4 は原子核が陽子 2 個、中性子 2 個でできており、電子は 2 個いるので、全体としてボース粒子として振る舞う。一方、同位体のヘリウム 3 は、中性子が 1 個しかなく、他は同じなので、フェルミ粒子となる。その他の粒子では、光子がボース粒子として振る舞うが、粒子数が変化しうるためちょっと特殊な性質を持つ。以上を図 5.2 に表をしてまとめておこう。

次の節に行く前に、ここでちょっと補足をしておこう。第 4 章でやった固体の比熱を説明するバネのモデルは、固体中の原子がほぼ固定されているので、固体中の原子はその位置で区別できる。よって、第 4 章でやった計算はボルツマン統計に従ってはいるが、ちゃんと正しい答えを与える。また原子の核スピンのモデルも、固体中の原子であれば同じ理由で区別できるし、液体や気体中の原子核スピンの場合は温度が極端に低くなければ分配関数を $N!$ で割るだけでよく、しかも $N!$ 因子すら核スピンで興味ある量 (エネルギー期待値やスピン↑の割合など) に影響を与えないので、やはりボルツマン統計のままでも大丈夫だ。結局、**ほとんどの場合はボルツマン統計で大丈夫**なので、安心して使ってくれ。ボルツマン統計が成り立たないほうがむしろ例外である。その代表例の一つが金属中の自由電子である。

5.3 正準統計でフェルミ統計の勘定をやってみる

粒子の非個別性を考えるときに一番重要なのは電子なので、まずはフェルミ統計の勘定の仕方をもう少し詳しく見よう。今度は 4 個の準位に 2 個の粒子を入れることを考えてみる。箱を 4 つ用意し、2 個の区別できない粒子を、箱に 2 個以上入らないようにしながら振り分けると、図 5.4 のように 6 通りの状態が可能である。2 個のフェルミ粒子がどの箱に入っているかを、入っている箱の

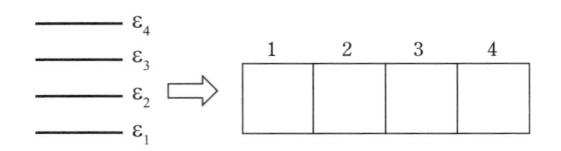

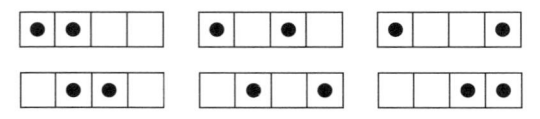

図5.4 4準位系に2個のフェルミ粒子をつめる

番号 i, j を使うと、この 6 個の状態は $(i,j) = (1,2), (1,3), (1,4), (2,3), (2,4), (3,4)$ とかける。各状態のエネルギーを ε_i とすれば、状態 (i,j) にあるときのエネルギーは $\varepsilon_i + \varepsilon_j$ となる。

さて、ここまで状態が勘定できれば、ここからは正準統計の方法で普通に計算していくことができる。この系が温度 T の熱浴の中にあるとすれば、分配関数は

$$Z = e^{-\beta(\varepsilon_1+\varepsilon_2)} + e^{-\beta(\varepsilon_1+\varepsilon_3)} + e^{-\beta(\varepsilon_1+\varepsilon_4)} \\ + e^{-\beta(\varepsilon_2+\varepsilon_3)} + e^{-\beta(\varepsilon_2+\varepsilon_4)} + e^{-\beta(\varepsilon_3+\varepsilon_4)}$$

となる。ここから種々の公式を用いていけば、エネルギー期待値などの物理量を計算していけるのだ。でもこのように粒子の可能な状態をすべて列挙して、分配関数を計算していくやりかたは、**非常に面倒であることがすぐにわかる**。4 個の箱に 2 個の粒子を入れる程度であれば、すべて列挙することができるが、例えば M 個の箱に N 個の粒子を入れる問題になると、とたんに状態の勘定が面倒になり、分配関数すら簡単にはかけなくなって計算が手に負えなくなるのだ。さて、どうしたらいいと思う?

答えは簡単だ。粒子数固定の条件を思い切ってはずしてしまうのだ。粒子数一定としてきた正準統計の方法を超えてしまっているのだが、粒子数の条

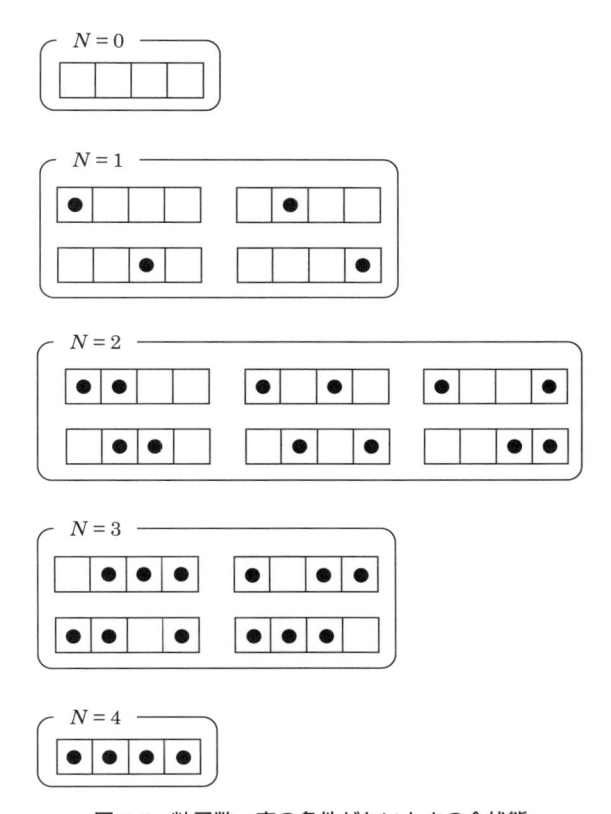

図 5.5 粒子数一定の条件がないときの全状態

件をはずすことで、計算がとても簡単になるのである。この新しい方法を**大正準統計の方法**と呼ぶ (**グランドカノニカル統計**ともいう)。大正準統計の方法の詳しい導出はあとまわしにして、ここでは計算が簡単になる雰囲気だけ味わってもらおう。粒子数条件をはずすと、先ほど考えた「4 つの箱に粒子を詰める問題」で考えられる状態は図 5.5 のような 16 通りになる。これらの状態は、全粒子数が $N = 0, 1, 2, 3, 4$ をすべて含んでいて、当然ながらさきほど考えた $N = 2$ の状態も入っている。つまり、粒子数固定の条件をはずすことで、考える状態空間を広げたのだ。これによって何のメリットがあるか？ そ

れは状態を指定するもっと便利で賢い方法がでてくるからだ。それは「粒子をどの箱とどの箱に入れるか」と粒子の立場で考えるのでなく、**箱の立場になって「どの箱に何個粒子がいるか」という指定の仕方をするのである**。そこで、i 番目の箱にいる粒子の数を n_i としよう。n_i はフェルミ粒子の場合には 0 か 1 の値をとる。そうすると、4 個の箱へ粒子を入れる方法はこの n_i の組 (n_1, n_2, n_3, n_4) で指定できることになる。各 n_i は 2 通りの値をとるので、全部で $2^4 = 16$ 通りとなり、確かに図 5.5 にでてくる状態をすべて表すことがわかる。

このような便利な状態の指定方法が使えるのは、粒子数が固定されていないときだけである。粒子数 N が固定されているときにこの指定方法をとった場合、拘束条件

$$\sum_i n_i = N$$

がでてくる (さっきの例では $n_1 + n_2 + n_3 + n_4 = 2$)。この拘束条件が、問題をややこしくしてしまうのだ。よってそれを避けるために、大正準統計の方法を使うのである。

あとでちゃんと説明するが、大正準統計の方法では一般化した分配関数である

$$\Theta = \sum_N \sum_i e^{-\beta E_{N,i}}$$

という量を計算する。これは**大分配関数**と呼ばれる量である。ここで N は粒子数で、$E_{N,i}$ は粒子数 N のもとでの i 番目の状態のエネルギーである。N についての和をとらなければ、正準統計にでてくる分配関数と同じであるが、それにさらに「**粒子数の異なるあらゆる状態についても和をとれ**」といっているのが大分配関数なのだ。この量は一見複雑なのであるが、よく考えるとむしろ計算が楽になる。例えば、さきほどの 4 個の箱にフェルミ粒子をつめる例を考えると、図 5.4 にある 16 通りの状態について和をとればいいはずで、そうすると各箱にある粒子数 n_i(=0,1) についてすべて和をとればいい。(n_1, n_2, n_3, n_4) の状態にあるときのエネルギーは

$$E = n_1 \varepsilon_1 + n_2 \varepsilon_2 + n_3 \varepsilon_3 + n_4 \varepsilon_4 = \sum_{i=1}^{4} n_i \varepsilon_i$$

とかけることに注意すれば、大分配関数は

$$\Theta = \sum_{n_1=0}^{1} \sum_{n_2=0}^{1} \sum_{n_3=0}^{1} \sum_{n_4=0}^{1} e^{-\beta E}$$

とかけるのだ。さらによく見ると、この式は次のように因数分解できることに気がつく。

$$\Theta = (e^{-0\times\beta\varepsilon_1} + e^{-1\times\beta\varepsilon_1})(e^{-0\times\beta\varepsilon_2} + e^{-1\times\beta\varepsilon_2})$$
$$\times (e^{-0\times\beta\varepsilon_3} + e^{-1\times\beta\varepsilon_3})(e^{-0\times\beta\varepsilon_4} + e^{-1\times\beta\varepsilon_4})$$

実際にこの式を展開すれば、16通りの項がでてきて、それぞれ16通りの各エネルギー E に対して $e^{-\beta E}$ を与えることに気がつくだろう (ちなみにボース粒子のときは上記の計算で和を $n_i = 0, 1, 2, 3, \cdots$ と0以上の整数についてとるように変更すればいい)。

ここまでの議論で粒子数一定の条件をはずすと、フェルミ統計を簡単に扱えそうなことはわかってもらえるだろう。しかし、もちろん単純に粒子数固定の条件をはずすだけではだめだ。なぜなら、本当は考えたい系の粒子数 N はあらかじめ決められていて、それを変えたくないからである。よって、実は以上の議論にはある重要な因子が抜けている。この因子は何か、そしてどうすれば「粒子数が変化しうる」枠組みで、「外から与えられた粒子数 N の状態」を計算できるのか、次の節で見ていくことにしよう。ちなみに、諸君はこれと似たことを、小正準統計から正準統計に移り変わるときにやっている。正準統計から大正準統計にどのように移り変わるか、諸君も予想しながら説明を見ていってほしい。

5.4 大正準統計の導入

大正準統計を導くやりかたは、正準統計を導くやりかたに似ているので、まず正準統計の復習からやっておこう。正準統計では、系を温度 T の熱浴の中に入れることを考えていた (図 5.6(a))。このとき、系のエネルギーは保存せず、系と熱浴の間にエネルギーのやりとりがあった。系のエネルギーは保存しないのだが、系が十分に大きければエネルギーの揺らぎはその平均値に比

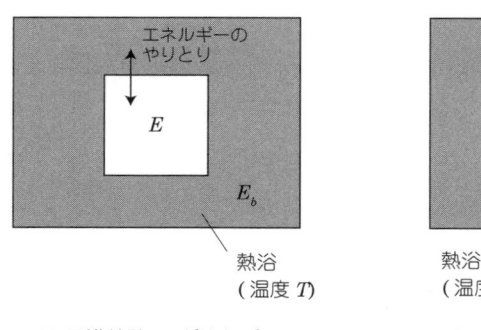

(a) 正準統計 (E がゆらぐ)

(b) 大正準統計 (E と N がゆらぐ)

図 5.6 　正準統計と大正準統計の状況設定

べて小さく、ほぼエネルギーは一定値をとっていると考えてよいのであった。これと同じことを粒子数に対しても行うのだ。

　大正準統計の方法で考える設定を図 5.6(b) に示す。今度は系は粒子源と呼ばれる大きな系と結合しており、系と粒子源は粒子のやりとりを行うことができるとする。さらに系と粒子源はともに温度 T の熱浴の中に入れられているとしよう。結局、系は粒子源と粒子のやりとりをし、熱浴ともエネルギーのやりとりをするので、系のエネルギー E と粒子数 N は両方とも揺らぐことになる。しかし、系が十分に大きければ、エネルギー E も粒子数 N も、その平均値にくらべて揺らぎは無視できるほど小さくなることが期待される。そうであれば、計算が面倒だった粒子数 N が一定の正準統計を使う代わりに、粒子数の期待値 $\langle N \rangle$ を計算してそれが外から与えた粒子数 N に一致するように大正準統計の計算をすることができる。そして、その場合両者の結果は一致するのである。

　今、系の粒子数を N、粒子源の粒子数を N_b とし、その和は一定であるとする ($N_{\text{tot}} = N + N_b = (一定)$) 十分に時間がたって、系と粒子源の間の粒子の移動がおさまったとき、熱平衡状態を特徴づける量は第 4 章の最後でやった**「化学ポテンシャル」**である。温度 T に保たれている粒子源の化学ポテンシャルを μ とすると、熱平衡状態では系の化学ポテンシャルも μ に一致するはず

だ。粒子源の化学ポテンシャルが μ であるという条件式は、粒子源のヘルムホルツ自由エネルギーを $F_b(N_B)$ として、

$$\frac{\partial F_b}{\partial N_B} = \mu$$

とかける。今からやりたいのは、温度 T の熱浴と、化学ポテンシャル μ の粒子源と結合した系において、系の統計的な性質がどうなっているかを調べることである。

5.5 確率分布を導出しよう

正準統計の方法では、ボルツマン分布の導出がすべての定式化の出発点となっていた。ボルツマン分布は、系がエネルギー E の状態をとる確率 $P(E)$ が

$$P(E) \propto e^{-\beta E}$$

で与えられるのであった。では、大正準統計ではどうだろう。まず、系の粒子数 N を決め、その粒子数のもとで系のエネルギー準位が E_i で与えられているとしよう。もちろん E_i は粒子数 N に依存して決まるので、それを強調したいときには $E_i(N)$ とかくことにする。同様に粒子源の粒子数 N_b を決め、そのもとで粒子源のエネルギー準位を $E_{b,j}$ とする (粒子数依存性を強調するときは $E_{b,j}(N_b)$ とかく)。系と粒子源はともに熱浴によって温度 T に保たれており、かつ系と粒子源の粒子数の和は一定なので、系と粒子源の複合系全体は正準統計の方法で扱うことができる。よって、系の粒子数が N で、かつ系が E_i、粒子源が $E_{b,j}$ のエネルギーを持つ確率は、ボルツマン分布より

$$P(E_i, E_{b,j}; N) \propto e^{-\beta(E_i + E_{b,j})}$$

となる。ここで粒子源の粒子数は $N_b = N_{tot} - N$ によって定まってしまっていることに注意。

さて、今は粒子源には注目しておらず、系の確率分布だけに興味がある。このとき、粒子源の状態すべてについて確率を足し上げてしまえば、系の粒子数が N、エネルギーが E_i である確率 $P(E_i; N)$ が計算でき、

$$P(E_i; N) = \sum_j P(E_i, E_{\mathrm{b},j}; N)$$
$$\propto \sum_j e^{-\beta(E_i + E_{\mathrm{b},j})} = e^{-\beta E_i} \times \sum_j e^{-\beta E_{\mathrm{b},j}}$$

となる。ここで粒子源の分配関数の定義、および自由エネルギー公式 $F_{\mathrm{b}} = -\frac{1}{\beta}\log Z_{\mathrm{b}}$ から、

$$Z_{\mathrm{b}}(N_{\mathrm{b}}) = \sum_j e^{-\beta E_{\mathrm{b},j}(N_{\mathrm{b}})} = e^{-\beta F_{\mathrm{b}}(N_{\mathrm{b}})}$$

がいえる。これを使えば、分布関数は

$$P(E_i; N) \propto e^{-\beta(E_i(N) + F_{\mathrm{b}}(N_{\mathrm{b}}))}$$

と簡単にかける。さらに $N_{\mathrm{b}} = N_{\mathrm{tot}} - N$ であることと、粒子源が十分大きく $N_{\mathrm{b}} \gg N$ であることから、自由エネルギーは

$$F_{\mathrm{b}}(N_{\mathrm{b}}) = F_{\mathrm{b}}(N_{\mathrm{tot}} - N) \approx F_{\mathrm{b}}(N_{\mathrm{tot}}) + \frac{\partial F_{\mathrm{b}}}{\partial N_{\mathrm{b}}}(-N)$$

と一次近似できる。ここで粒子源の化学ポテンシャルが $\mu = \partial F_{\mathrm{b}}/\partial N_{\mathrm{b}}$ で一定に保たれていたことを思いだそう。そうすると、

$$F_{\mathrm{b}}(N_{\mathrm{b}}) \approx F_{\mathrm{b}}(N_{\mathrm{tot}}) - \mu N$$

となる。これをさきほどの分布関数の式に入れれば、$F_{\mathrm{b}}(N_{\mathrm{tot}})$ が定数であることを使って、$P(E_i; N) \propto e^{-\beta(E_i - \mu N)}$ が導ける。エネルギー E_i を E と略記すれば、大正準統計における確率分布は次のようにまとめられる。

> **大正準統計での確率分布** 系がエネルギー E, 粒子数 N を持つ確率は
> $$P(E; N) \propto e^{-\beta(E - \mu N)}$$

さきほどの正準統計の確率分布 (ボルツマン分布) と比較すると、ボルツマン分布関数の E を $E - \mu N$ で置き換えたものになっている。これは、粒子源から N 個粒子が入ってきたとき、粒子源の自由エネルギーが減少する効果を考慮にいれたものである。ということで、前の節の計算で欠けていた因子は、「化学ポテンシャル」の因子である。

5.6 大分配関数に関する公式を導こう

次に、大正準統計の計算の基点となる大分配関数(分配関数を拡張したもの)を定義し、それに関して公式をつくっていこう。まず、大分配関数の定義をまとめる。

> **大分配関数の定義**
>
> $$\Xi = \sum_{N=0}^{\infty} \sum_{i} e^{-\beta(E_i(N)-\mu N)}$$

ここに現れる和は、大正準統計で考えるすべての状態についての和である。つまり、系のあらゆる可能な粒子数・エネルギー状態について、確率分布の重み $e^{-\beta(E_i(N)-\mu N)}$ の和である。これは通常の粒子数 N 一定のもとでの分配関数を Z_N としたとき、$\Xi = \sum_{N} Z_N$ とすべての粒子数の分配関数を足したものを計算していることにあたる。なお、Ξ という文字ははじめて見たかも知れないが、ギリシャ文字「グザイ」の大文字だ(蛇足だが、大学の授業で一回はギリシャ文字のアルファベットを一通り学んで、かく練習をすべきなんだと思うが、諸君はどう思う?)。

さっそく公式をつくっていこう。まず、さきほど求めた確率分布の比例定数はすぐに決まり、

$$P(E_i; N) = \frac{1}{\Xi} e^{-\beta(E_i - \mu N)}$$

とかけることがわかる。なぜなら分布関数の全状態についての和が 1 とならないといけないのであるが、比例定数を上記のようにとれば、

$$\sum_{N=0}^{\infty} \sum_{i} P(E_i; N) = 1$$

がすぐに示せるからである。

次に、正準統計のときの公式をまねて、「**きっと何か重要な物理量と関係するに違いない**」という期待のもと、$\log \Xi$ を β で微分していってみよう。

$$\frac{\partial}{\partial \beta}(\log \Xi) = \frac{1}{\Xi} \frac{\partial \Xi}{\partial \beta}$$

$$= \frac{1}{\Xi} \sum_{N=0}^{\infty} \sum_i \left[-(E_i - \mu N) \right] e^{-\beta(E_i - \mu N)}$$

$$= \sum_{N=0}^{\infty} \sum_i (-E_i + \mu N) P(E_i; N)$$

ここで粒子数およびエネルギーの期待値が

$$\langle N \rangle = \sum_{N=0}^{\infty} \sum_i N P(E_i; N)$$

$$\langle E \rangle = \sum_{N=0}^{\infty} \sum_i E_i P(E_i; N)$$

で与えられることと、μ は定数であることを使うと、

$$\frac{\partial}{\partial \beta}(\log \Xi) = -\langle E \rangle + \mu \langle N \rangle$$

という公式ができる。目論見通り、エネルギーの期待値がでてきた。でも、粒子数の期待値も同時にでてきているから、もう一つ粒子数についての公式もつくらないと、$\langle E \rangle, \langle N \rangle$ の両方を求めることはできない。どうしたらいいか？

$\log \Xi$ はここでも打ち出の小槌なので、何かで叩く(微分する)といいのであるが、わかるだろうか。そう、**化学ポテンシャルで叩く**(微分する)ことができて、

$$\frac{\partial}{\partial \mu}(\log \Xi) = \frac{1}{\Xi} \frac{\partial \Xi}{\partial \mu}$$

$$= \frac{1}{\Xi} \sum_{N=0}^{\infty} \sum_i \beta N e^{-\beta(E_i - \mu N)}$$

$$= \sum_{N=0}^{\infty} \sum_i (\beta N) P(E_i; N)$$

$$= \beta \langle N \rangle$$

と、ものの見事に粒子数の期待値が現れる。以上の結果を公式としてまとめておこう。

大正準統計の期待値公式

$$\langle E \rangle - \mu \langle N \rangle = -\frac{\partial}{\partial \beta}(\log \Xi), \quad \langle N \rangle = \frac{1}{\beta}\frac{\partial}{\partial \mu}(\log \Xi)$$

同じ要領で粒子数 N の揺らぎの大きさも計算できる。$\log \Xi$ を μ で二回微分してみよう。

$$\frac{\partial^2}{\partial \mu^2}(\log \Xi) = \frac{\partial}{\partial \mu}\left(\frac{1}{\Xi}\frac{\partial \Xi}{\partial \mu}\right) = \frac{1}{\Xi}\frac{\partial^2 \Xi}{\partial \mu^2} - \frac{1}{\Xi^2}\left(\frac{\partial \Xi}{\partial \mu}\right)^2$$

ここで分配関数の定義をつかって、

$$\frac{1}{\Xi}\frac{\partial \Xi}{\partial \mu} = \sum_{N=0}^{\infty}\sum_i \beta N \frac{1}{\Xi} e^{-\beta(E_i - \mu N)} = \beta \langle N \rangle$$

$$\frac{1}{\Xi}\frac{\partial^2 \Xi}{\partial \mu^2} = \sum_{N=0}^{\infty}\sum_i (\beta N)^2 \frac{1}{\Xi} e^{-\beta(E_i - \mu N)} = \beta^2 \langle N^2 \rangle$$

を代入すると、

$$\frac{\partial^2}{\partial \mu^2}(\log \Xi) = \beta^2(\langle N^2 \rangle - \langle N \rangle^2)$$

と粒子数の分散 $V(N) = \langle N^2 \rangle - \langle N \rangle^2$ が現れてくる。一方、さきほどの期待値公式を使うと、

$$\frac{\partial^2}{\partial \mu^2}(\log \Xi) = \frac{\partial}{\partial \mu}\left(\beta \langle N \rangle\right) = \beta \frac{\partial \langle N \rangle}{\partial \mu}$$

となるから、結局、粒子数 N の分散は

$$V(N) = \langle N^2 \rangle - \langle N \rangle^2 = \frac{1}{\beta^2}\frac{\partial^2}{\partial \mu^2}(\log \Xi) = k_B T \frac{\partial \langle N \rangle}{\partial \mu}$$

となる。ここで $\partial \langle N \rangle / \partial \mu$ は化学ポテンシャルを変化させたときの粒子数 $\langle N \rangle$ の変化の割合であり、粒子数 $\langle N \rangle$ に比例すべき量である。よって、分散が $\langle N \rangle$ に比例しており、標準偏差は $\sqrt{\langle N \rangle}$ に比例する。これは粒子数の期待値 $\langle N \rangle$ が十分大きければ、無視できるほど小さくなる。これで大正準統計では粒子数の分布が生じるのであるが、結局期待値のまわりでほとんど揺らがなくな

(a) 4 準位系 (b) 一般の系

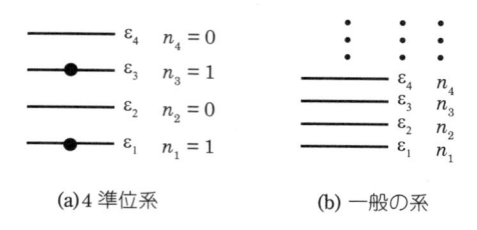

図 5.7 エネルギー準位の様子

るのだ (以後は粒子数やエネルギーの期待値を熱力学変数 N, E と区別しないことにする)。こうして、「いったん粒子固定の条件をはずしておいて、あとで期待値を目標の粒子数に合わせる」という戦略がうまくいくことがわかった。ちなみに、あとで見るように粒子数 N は化学ポテンシャル μ で調節可能である (第 4 章の化学ポテンシャルの説明も参照のこと)。

5.7 相互作用のないフェルミ粒子系

ここまでの結果は完全に一般的であるが、粒子同士が相互作用をせず、独立であると見なせるときには、多くの物理量を手で計算することができる。フェルミ粒子・ボース粒子の両方とも計算ができるが、ここでは電子への応用を考えて、独立なフェルミ粒子系を考えよう。

まず、再び 4 準位の場合に戻って考えてみる (図 5.7(a))。この場合、可能な粒子数で状態をすべて数え上げることは、各準位に入る粒子の個数 (n_1, n_2, n_3, n_4) (n_i は 0 または 1) に関するすべての和をとることを意味することを見た。よって大分配関数に現れる和はこの場合、

$$\Xi = \sum_{n_1=0}^{1} \sum_{n_2=0}^{1} \sum_{n_3=0}^{1} \sum_{n_4=0}^{1} e^{-\beta(E-\mu N)}$$

となる。しかしこの和はすでに見たように因数分解が可能だ。各状態について、エネルギー E、粒子数 N が

$$E = \varepsilon_1 n_1 + \varepsilon_2 n_2 + \varepsilon_3 n_3 + \varepsilon_4 n_4$$

$N = n_1 + n_2 + n_3 + n_4$

であることに注意すると、

$$\Xi = (1+e^{-\beta(\varepsilon_1-\mu)})(1+e^{-\beta(\varepsilon_2-\mu)})(1+e^{-\beta(\varepsilon_3-\mu)})(1+e^{-\beta(\varepsilon_4-\mu)})$$

となるのだ。これを展開していけば、確かに大分配関数が再現することはすぐにわかるだろう。

この計算は 4 準位の場合であるが、一般にもっと準位が多い場合へ簡単に拡張することができる。j 番目の状態のエネルギーが ε_j で与えられるとき (図 5.7(b))、大分配関数は

$$\Xi = \prod_{j=1}^{\infty}(1+e^{-\beta(\varepsilon_j-\mu)})$$

と、準位に関する積の形になる (4 準位のときの結果からも容易に類推できることだろう)。ここで π の大文字である $\prod$ は積の記号で、数列 $a_i(j=1,2,3,\cdots)$ があったとき

$$\prod_{j=1}^{\infty}a_i = a_1 a_2 a_3 \cdots$$

を意味する。けったいな記号だが、実はすぐに消えてしまうから、恐れる必要はない。

大分配関数が計算できたので、次に期待値公式からエネルギーと粒子数を求めていってみよう。対数をとってみると、

$$\log\Xi = \sum_{j=1}^{\infty}\log(1+e^{-\beta(\varepsilon_j-\mu)})$$

と積が和に変換される。$\langle N \rangle$ の期待値公式に放り込むと、

$$\langle N \rangle = \frac{1}{\beta}\sum_{j=1}^{\infty}\frac{\beta e^{-\beta(\varepsilon_j-\mu)}}{1+e^{-\beta(\varepsilon_j-\mu)}} = \sum_{j=1}^{\infty}\frac{1}{e^{\beta(\varepsilon_j-\mu)}+1}$$

と簡単な形にまで計算できる。もう一つの期待値公式と組み合わせることによって、

$$\langle E \rangle = \sum_{j=1}^{\infty}\frac{\varepsilon_j}{e^{\beta(\varepsilon_j-\mu)}+1}$$

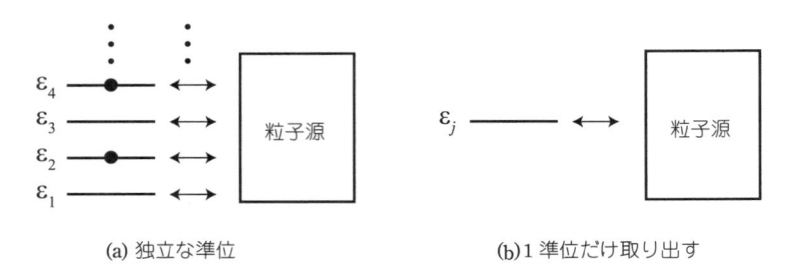

(a) 独立な準位　　　　　　　　(b) 1 準位だけ取り出す

図 **5.8**　相互作用のないフェルミ粒子系

も導けることがわかるが、これは練習問題として残しておこう。

[練習問題 9] 期待値公式 $\langle E \rangle - \mu \langle N \rangle = -\dfrac{\partial}{\partial \beta}(\log \Xi)$ および $\langle N \rangle = \displaystyle\sum_{j=1}^{\infty} \dfrac{1}{e^{\beta(\varepsilon_j - \mu)} + 1}$ を用いて、$\langle E \rangle = \displaystyle\sum_{j=1}^{\infty} \dfrac{\varepsilon_j}{e^{\beta(\varepsilon_j - \mu)} + 1}$ を導け。

これで終わりでもよいのであるが、同じ計算結果をもっと簡単に計算することが可能だ。まず得られた結果の表式を見ると、

$$\langle n_j \rangle = \frac{1}{e^{\beta(\varepsilon_j - \mu)} + 1}$$

と置き直せば、式が簡単に書き直せることに気がつく。

$$N = \sum_j \langle n_j \rangle \qquad E = \sum_j \varepsilon_j \langle n_j \rangle$$

ここで「$\langle n_j \rangle$ は j 番目の準位を占める粒子数の平均値」だと考えれば、これらの式をうまく説明できることに気がつくだろう。なんでこんなに簡単な式に書けるのだろうか。**偶然か？**　いやそんなことはない。実は相互作用のない粒子系を考えるときには、粒子が他の粒子の状態とは無関係にエネルギー準位に出入りできるので、図 5.8(a) のようにそれぞれの準位が独立に粒子源と結合していると考えてもいいのである。まず j 番目の準位だけに考えることにしよう (図 5.8(b))。粒子源から j 番目の準位 (エネルギー ε_j) にフェルミ粒子が出入りしているときには、準位の状態はフェルミ粒子がいない状態 ($n_j = 0$) といる状態 ($n_j = 1$) の 2 通りだけ可能である。この準位に対する大分配関数

Ξ_j を計算してやると、

$$\Xi_j = \sum_{n_j=0}^{1} e^{-\beta(\varepsilon_j-\mu)n_j} = 1 + e^{-\beta(\varepsilon_j-\mu)}$$

となる。また、それぞれの状態にある確率を p_0, p_1 とすると、これらは

$$p_0 = \frac{1}{\Xi_j} e^{-\beta(\varepsilon_j-\mu)\times 0} = \frac{1}{1+e^{-\beta(\varepsilon_j-\mu)}}$$

$$p_1 = \frac{1}{\Xi_j} e^{-\beta(\varepsilon_j-\mu)\times 1} = \frac{e^{-\beta(\varepsilon_j-\mu)}}{1+e^{-\beta(\varepsilon_j-\mu)}}$$

と計算される。これより、一準位あたりの粒子数の平均値は

$$\langle n_j \rangle = 0 \times p_0 + 1 \times p_1 = \frac{e^{-\beta(\varepsilon_j-\mu)}}{1+e^{-\beta(\varepsilon_j-\mu)}} = \frac{1}{e^{\beta(\varepsilon_j-\mu)}+1}$$

となり、さきほどの結果が再現されるのだ。ちなみに全系の大分配関数は単に各準位の分配関数を掛け合わしたものになっている：

$$\Xi = \prod_{j=1}^{\infty} \Xi_j$$

これは「独立準位の分配関数合成公式」と呼んでもいいものかも知れないな。

5.8 フェルミ分布の性質

さて、これまでいろいろと公式をつくってきたのだが、一番重要なのは最後に独立なフェルミ粒子系で導いた、準位をしめる粒子数の期待値 $\langle n_j \rangle$ である。これは「フェルミ分布関数」という名前がつけられており、物質科学のあらゆる分野で顔を出す非常に重要な公式になっているので、まとめておこう。

> **フェルミ分布関数** フェルミ粒子系でエネルギー ε の準位を占める粒子数の期待値は $n(\varepsilon) = \dfrac{1}{e^{\beta(\varepsilon-\mu)}+1}$ $(\beta = 1/k_\mathrm{B}T)$

以下でフェルミ分布関数の持つ性質をもう少し詳しく見ていこう。

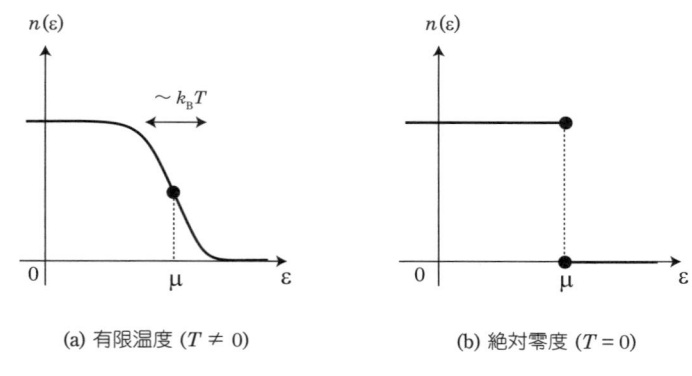

(a) 有限温度 ($T \neq 0$)　　(b) 絶対零度 ($T = 0$)

図 5.9 フェルミ分布関数

　まず、フェルミ分布関数をエネルギー ε の関数としてグラフにしてみよう。フェルミ分布関数の分母の指数関数の振る舞いが $\beta(\varepsilon - \mu) = (\varepsilon - \mu)/k_B T$ の大小によって決まることに注意すれば、グラフは図 5.9(a) のようになる。エネルギー ε が化学ポテンシャル μ に比べて十分に小さいと分布関数は 1 であり、逆に ε が μ に比べて十分に大きいと分布関数は 0 になる。その間であるが、$\varepsilon = \mu$ を中心にして $k_B T$ 程度の幅で 1 から 0 に落ちるような関数になっている。なお、絶対零度においては、図 5.9(b) に示されるようにフェルミ分布関数は単なる階段関数となる。

　フェルミ分布関数はどういう意味を持っているだろうか。図 5.10(a) に同じ分布関数を、今度は縦にエネルギーの軸をとってかいたものを示す。同時に、エネルギー準位にどのようにフェルミ粒子が入っているかの模式図も同時にかいた。化学ポテンシャルよりもエネルギーが十分に低いところでは、すべてのエネルギー準位が 1 個のフェルミ粒子によって占められているために、分布関数は 1 となっていることがわかるだろう。フェルミ粒子にはパウリの排他律があるので、同じ準位に 2 個以上の粒子が入らない。よって、エネルギーが低いところから順にフェルミ粒子を 1 個づつ詰めていくしかなくなり、その結果、化学ポテンシャル μ よりも下で**「粒子がぎちぎちにつまる」**のである。一方、粒子数は有限であるから、化学ポテンシャルで決まるエネルギー

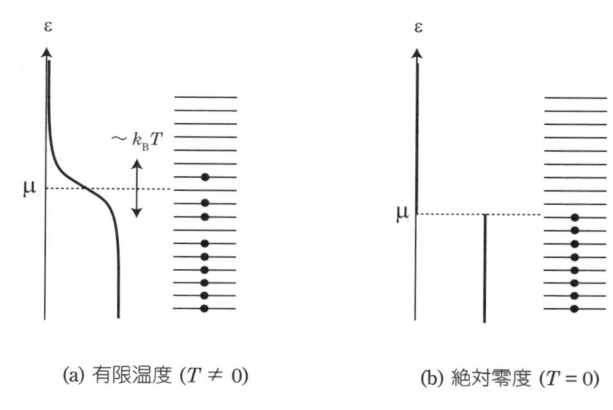

(a) 有限温度 ($T \neq 0$)   (b) 絶対零度 ($T = 0$)

図 5.10　フェルミ分布関数と電子の配置

より高い準位では準位は空になり、分布関数が 0 となるのだ。エネルギーのやりとりは温度 T によって決まっているが、これは化学ポテンシャル近くでフェルミ粒子が詰まっている領域から空の領域へと粒子を移す以外にやりようがないので、化学ポテンシャル μ の近くで $k_B T$ 程度の幅の間にある準位だけが、0 から 1 の間の分布関数を持つのである。

以上のことは絶対零度 ($T = 0$) にするともっと明確にわかる (図 5.10(b))。このときは、全エネルギーが最低になるように粒子が詰めていくことになり、エネルギーの低いところから粒子数 N 個分だけのエネルギー準位が埋まることになる。この詰め終わった場所のエネルギーが化学ポテンシャルである。温度 $T = 0$ のときには、化学ポテンシャルが増えていくにつれて粒子数が増えていくことは明らかだろう。よって、化学ポテンシャル μ を調整することで、全粒子数 N を与えられた値にすることが可能である。

おもしろゼミナール

すっかり夏めいたある日のこと。奈々子さんはいつものようにお茶部屋にやってきて、お菓子をつまみながらコーヒーを飲んでいた。研究室にも慣れ、就

職も決まって、やっと落ち着いた生活ができるようになったのだ。ふと机の上に緑色の本が置かれているのに気がついた。手にとって見てみると、「ゼロから学ぶ統計力学」とかいてあった。とびらを開くと、「それは4月はじめ、暗雲が垂れ込める風が強い日のこと…」という文章が目に入ってきた。ちょうどそのとき、どたどたと先生が入ってきた。

先生　いやぁ、暑いね。でも夏は暑い方がいいね。あれ、その手にとっている教科書は、私がかいた教科書じゃないか。

奈々子さん　先生は教科書をかいていたのね。知らなかったわ。

先生　つい最近、出版されたばかりだからな。絶賛発売中だ。でも奈々子さんはもう遅いかな。

奈々子さん　統計力学の授業もあと少しで終わりですものね。

先生　ところで、粒子の非個別性のところはよくわかったかい。

奈々子さん　なんだか不思議な話だったわ。とくにパウリの排他律は、量子力学でもでてきたけれども、今でも不思議な法則だと感じるの。

先生　そうか。でも身近な現象でもパウリの排他律がなりたっているんだがな。

奈々子さん　え、そうなんですか?

先生　例えば、通勤で満員電車に乗り込むことをイメージしてみてくれ。電車のなかは押し合いへし合いで、大変なことになっているな。これは「人間版パウリの排他律」と呼んでもいいじゃろう。同じ空間に二人以上の人間が存在できないから、電車の収容できる人数は限られるんだ。

奈々子さん　また、変なたとえ話を持ち出すのね。

先生　半分は確かに冗談なんだが、半分は本当なんだ。もともと、人に限らず、あらゆる物体が同じ空間を占めることができないのは、電子が「フェルミ粒子」であることが効いている。

奈々子さん　あら、そうなの。

先生　原子と原子が近づくと非常にエネルギーが高くなってしまうのだが、これが電子がフェルミ粒子であることと関係している。それはおおざっぱにいって、原子が重なりあうと電子密度が大きくなるのだが、そういう場所ではパウリの排他律より二つの電子が同じ状態をとれないので、どうしても片方

はエネルギーが大きい状態へ移動しないといけなくなる。その結果、エネルギーが高くなってしまうんだ。もちろん、電子-電子間および原子核-電子間のクーロン相互作用も重要なので、現実の原子間の斥力の原因は、もうちょっと複雑になるがな。

奈々子さん　電子がフェルミ粒子であることが、とても重要なんですね。

先生　ああ、その通りだ。電子のフェルミ粒子の性質は、高校までの理科でやった原子の電子配列とも関係がある。量子力学でもやったかも知れないが、例えば水素原子について、シュレディンガー方程式という量子力学の方程式を解くと、エネルギー準位が低い方から 1 個、4 個、9 個…と順にできていく。これらのエネルギー準位にフェルミ粒子である電子を詰めていくときにも、パウリの排他律が重要なんだ。第 3 章でもやったが、電子は 2 通りのスピン状態がとれるので、一つのエネルギー準位に最大 2 個の電子が入ることになる。例えば、原子番号 10 のアルゴン原子の電子配置は、2 番目のエネルギー準位までちょうど電子が埋まった配置になるが、これが閉殻構造という安定した構造につながるのだ。

奈々子さん　それは化学の授業でやりましたね。あんまり覚えていないけど。

先生　電子配置は物質の化学的な性質を決める重要なものだが、電子がフェルミ粒子であることが決め手になってるのがわかるだろう。

奈々子さん　もし電子がボース粒子だったら、どうなっていたのかしら。

先生　いい質問だな。電子がボース粒子であれば、すべてのボース粒子が最低エネルギー準位に入ってしまうから、電子配置が全く異なってしまう。その場合は、原子の化学的性質は大きく変わってしまうだろうし、化学結合などの考え方がすべて破綻してしまうな。そうすると、おそらく生物は存在しなくなるだろう。**我々が今ここにいるのは「電子がフェルミ粒子である」おかげである**といっても過言ではないのだ。

奈々子さん　なるほどね。少しだけ、物理が楽しいと思えるようになったわ。

先生　なんじゃ、物理は楽しくないのかね?

奈々子さん　数式を見ると気持ち悪くなってくるのよ。でも、いろいろ考えることは好きなの。数式なしで物理がやれたら、一番いいのにな。

先生 数式嫌いで、よくうちの学科にきたな。そうだな。数式なしでやれるとどんなにいいだろう、と思う気持ちはわかる。でも慣れてくると、数式が何を伝えようとしているか、その言葉を聞けるようになるはずなんだ。

奈々子さん なんだか、将棋をやっていると「駒が言葉をしゃべってるのが聞こえるようになる」みたいな話ね。本当なのかしら。ねぇ、助教さん。

助教 一日中数式をながめていたとき、「数式がどう変形されたがっているか」という風に考えたことはありますね。ずっと物理を考えていると、そうなるんですよ。

奈々子さん うわー、物理学者はそんな風に考えるんだ。私にはできそうにないわね。

先生 数学者のほうが変人だけどな。

助教 いや、先生は数学者とどっこいどっこいです。

奈々子さん あなたたちこそ、お互いさまよ！

5.9 理想フェルミ気体

準備もできたことなので、理想気体の計算をフェルミ粒子に対してやってみよう。まずフェルミ粒子からなる理想気体の全粒子数は、

$$N = \sum_j n(\varepsilon_j)$$

と与えられていた。ここで j はすべての可能な粒子の状態についての和である。本当はちゃんと量子力学を使って粒子の状態を計算すべきなのだが、計算がややこしいので、混乱を避けるために第3章でやったような重積分を用いた簡便法を用いることにしよう。粒子の状態は、位置 (x, y, z)、運動量 (p_x, p_y, p_z) およびスピンの状態 $\sigma(=\uparrow, \downarrow)$ を用いて指定することができる。このとき、全粒子数は、

$$N = \sum_{x,y,z} \sum_{p_x, p_y, p_z} \sum_{\sigma} n(\varepsilon(p_x, p_y, p_z))$$

とかける。ここで粒子の運動エネルギーは、運動量のみを用いて、

$$\varepsilon(p_x, p_y, p_z) = \frac{p_x^2 + p_y^2 + p_z^2}{2m}$$

と表されていることに注意しよう。第 3 章で位置および運動量に関する和は、

$$\sum_{x,y,z} \sum_{p_x,p_y,p_z} (\cdots) \to \frac{1}{h^3} \int \mathrm{d}x \mathrm{d}y \mathrm{d}z \mathrm{d}p_x \mathrm{d}p_y \mathrm{d}p_z (\cdots)$$

と置き換えられることを示した。これを用いると、全粒子数は、

$$N = \frac{2}{h^3} \int \mathrm{d}x \mathrm{d}y \mathrm{d}z \mathrm{d}p_x \mathrm{d}p_y \mathrm{d}p_z n(\varepsilon(p_x, p_y, p_z))$$

と計算される。ここで運動エネルギーがスピンによらないので、スピンについての和をとってしまっており、はじめに 2 の因子がついている。

このまま計算をしてしまってもいいのだが、重積分の中のフェルミ分布は $\varepsilon(p_x, p_y, p_z)$ を通して依存しているので、この重積分をエネルギー ε だけの積分に書き直しておいたほうが、計算の見通しがよい。これをやると、全粒子数は

$$N = \int_0^\infty D(\varepsilon) n(\varepsilon) \mathrm{d}\varepsilon$$

の形でかけることになる。ここで $D(\varepsilon)$ は変数変換の際にでてくる因子であるが、物理的にも次のような重要な意味を持っている。

$$D(\varepsilon)\mathrm{d}\varepsilon = (\varepsilon \text{から} \varepsilon + \mathrm{d}\varepsilon \text{の間にあるエネルギー準位の数})$$

この性質は、元の状態 j についての和を ε の積分に置き換えるとき、「$\sum_j (\cdots) \to \int D(\varepsilon) \mathrm{d}\varepsilon (\cdots)$ と状態数を考えながら変換する」と考えればうまく積分に置き換えられることによる。

$D(\varepsilon)$ は次のようにして計算できる。まず $D(\varepsilon)$ を 0 から ε まで積分したものを $N(\varepsilon)$ とする:

$$N(\varepsilon) = \int_0^\varepsilon \mathrm{d}\varepsilon' D(\varepsilon') = (0 \text{から} \varepsilon \text{の間にあるエネルギー準位の数})$$

ここで積分変数は重複を避けるために ε' に変更した。$N(\varepsilon)$ は次にようにして計算していくことができる。

$$N(\varepsilon) = \sum_{x,y,z} \sum_{\varepsilon(p_x,p_y,p_z) \le \varepsilon} \sum_{\sigma=\uparrow,\downarrow} 1$$
$$= \frac{2}{h^3} \int \mathrm{d}x\mathrm{d}y\mathrm{d}z \int_{\varepsilon(p_x,p_y,p_z) \le \varepsilon} \mathrm{d}p_x\mathrm{d}p_y\mathrm{d}p_z$$
$$= \frac{2V}{h^3} \int_{\varepsilon(p_x,p_y,p_z) \le \varepsilon} \mathrm{d}p_x\mathrm{d}p_y\mathrm{d}p_z$$

ここで積分の範囲は「$\varepsilon(p_x, p_y, p_z) \le \varepsilon$ を満たすすべての運動量」である。また V の前にある因子 2 はスピン自由度からくる。さきほどのエネルギーの表式から、この範囲は

$$\varepsilon(p_x, p_y, p_z) \le \varepsilon \Leftrightarrow p = \sqrt{p_x^2 + p_y^2 + p_z^2} \le \sqrt{2m\varepsilon}$$

と運動量の大きさ p に関する範囲に置き直すことができるが、これを満たす運動量は結局、三次元の運動量空間 (p_x, p_y, p_z) において、半径 $\sqrt{2m\varepsilon}$ の球の内部を意味している。よって、

$$N(\varepsilon) = \frac{2V}{h^3} \times \left(半径\sqrt{2m\varepsilon}の球の体積 \right)$$
$$= \frac{2V}{h^3} \times \frac{4\pi}{3}(2m\varepsilon)^{3/2}$$
$$= \frac{8\pi V}{3} \left(\frac{2m}{h^2} \right)^{3/2} \varepsilon^{3/2}$$

と計算される。$N(\varepsilon)$ の定義から、これを ε で微分すれば $D(\varepsilon)$ が得られる。

$$D(\varepsilon) = \frac{\mathrm{d}N}{\mathrm{d}\varepsilon} = 4\pi V \left(\frac{2m}{h^2} \right)^{3/2} \varepsilon^{1/2}$$

これが状態密度の計算方法だ。フェルミ粒子の理想気体をやるときには、一度はやらないといけない計算なので、慣れておいてほしいところだな。

こうして状態密度 $D(\varepsilon)$ から全粒子数 N を求める公式がもとまったのであるが、同様に全エネルギー E を求める公式もつくることができて、

$$E = \int_0^\infty \varepsilon D(\varepsilon) n(\varepsilon) \mathrm{d}\varepsilon$$

となることがすぐにわかる。これらを公式としてまとめておこう。

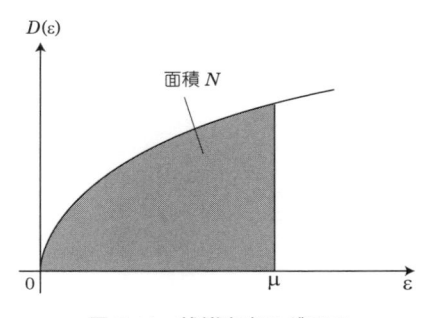

図 **5.11** 状態密度のグラフ

理想フェルミ気体の粒子数とエネルギー 状態密度を $D(\varepsilon)$ として、
$$N = \int_0^\infty D(\varepsilon)n(\varepsilon)\mathrm{d}\varepsilon, \quad E = \int_0^\infty \varepsilon D(\varepsilon)n(\varepsilon)\mathrm{d}\varepsilon$$

実際に理想気体で計算を最後までやってみよう。有限温度の場合は計算が複雑になるので、ここでは絶対零度 ($T = 0$) のときに議論を限ろう。分布関数 $n(\varepsilon)$ は $\varepsilon < \mu$ のときに 1, $\varepsilon > \mu$ のとき 0 であることを思い出すと、N と E は

$$N = \int_0^\mu D(\varepsilon)\mathrm{d}\varepsilon \quad E = \int_0^\mu \varepsilon D(\varepsilon)\mathrm{d}\varepsilon$$

と計算される。ここで粒子数 N は、単に状態密度を一番低いエネルギー状態から積分していった式となる (図 5.11)。フェルミ準位は、エネルギーの低い方から準位から詰まっていくことを思い出そう。今、エネルギー状態はとても密になっているので、個々の準位で考えるのではなく「準位の密度」で考え直しているのだ。さきほどの計算した状態密度 $D(\varepsilon)$ の表式を代入して、積分を実行すると、

$$N = 4\pi V \left(\frac{2m}{h^2}\right)^{3/2} \times \frac{2}{3}\mu^{3/2}$$
$$E = 4\pi V \left(\frac{2m}{h^2}\right)^{3/2} \times \frac{2}{5}\mu^{5/2}$$

と計算される。大正準統計では、はじめは化学ポテンシャル μ が与えられていることに気をつけよう。化学ポテンシャル μ を増やしていくと、第一式から粒子数 N は増えていくことがわかる。よって第一式から、系の粒子数 N から、その粒子数を実現するのに必要な化学ポテンシャルを逆算することができる。そして、μ を N で書き表したあと、第二式のエネルギーに μ を代入して消去すれば、エネルギーを粒子数 N で書き直すことができるのだ (式が煩雑になるのでここではその計算は省略する)。こうして熱力学関数の間の関係式がすべてわかるのである。

最後にこの計算からわかる重要な結論を導こう。絶対零度では自由エネルギー $F = E - TS$ はエネルギー E と一致している。よって、圧力は

$$p = -\frac{\partial F}{\partial V} = -\frac{\partial E}{\partial V}$$

で求めることができ、計算していくと、

$$p = \frac{2}{5}\frac{N}{V}\mu$$

と求まることがわかる (式の導出は練習問題にしておく)。ここで μ は粒子数が N である条件式から導かれる量であることに注意。この結果から、フェルミ粒子からなる理想気体は、「温度がゼロにもかかわらず」圧力が有限であることがわかる。しかも粒子数の密度が増加するに従って、圧力は高まることがわかるだろう。これはなぜか？ 答えは簡単だ。**パウリ排他律があるために、すべての粒子が静止することができない**のである。フェルミ粒子はエネルギーの低い準位から埋まっていくが、エネルギーが高い準位は有限の運動量を持っている。つまりエネルギーが高い状態のフェルミ粒子は「動き回っている」のだ。この運動によって、温度がゼロにもかからわず圧力が生じることになる。これを**フェルミ縮退圧**という。

[練習問題 10] 以下の絶対零度における理想フェルミ気体の結果を用いて、以下の問に答えよ。

$$N = 4\pi V \left(\frac{2m}{h^2}\right)^{3/2} \times \frac{2}{3}\mu^{3/2} \qquad E = 4\pi V \left(\frac{2m}{h^2}\right)^{3/2} \times \frac{2}{5}\mu^{5/2}$$

(1) $E = \dfrac{3}{5}N\mu$ を示せ。

(2) N が一定であることを用いて、結果の第一式から $\dfrac{\mathrm{d}\mu}{\mathrm{d}V} = \dfrac{2}{3}\dfrac{\mu}{V}$ を示せ。

(3) $p = -\dfrac{\mathrm{d}E}{\mathrm{d}V} = \dfrac{2}{5}\dfrac{N}{V}\mu$ を示せ。

　フェルミ縮退圧は意外な場面で重要になる。ちょっと話がかわるが、夜の空を飾る星々に思いを馳せてみよう。星はなぜ輝いているかといえば、星の中で水素の核融合によって大量のエネルギーが生じ、光や熱となって放出されているからである。しかし、水素の量は有限であるから、何十億年もしくは何百億年発つと水素が枯渇してくる。そうなってきたとき、星の運命がどうなるかは、星の質量の大きさに依存している。比較的質量が小さい星の場合には、ろうそくがだんだん消えていくように徐々に星が暗くなっていき、最後はほとんど光らなくなる。このような星を、白色矮星(はくしょくわいせい)という。核反応によるエネルギーの供給が止まると、星の温度はどんどん冷えていくわけだが、そうすると星は自身の重力によってどんどん縮んでいくことになる。でも、白色矮星では核反応によるエネルギー供給がなくても、重力に逆らって一定の大きさを保つことができる。なぜか？　やっとここでフェルミ縮退圧がでてくることになる。白色矮星では、$10^4 \mathrm{g/cm^3}$ から $10^7 \mathrm{g/cm^3}$ 程度の非常に大きい密度を持っているが、ここまで密度が大きいと、どんな元素も金属としての性質を持つようになる。つまり、白色矮星には自由電子が大量に存在するのだ。この自由電子(フェルミ粒子)は、さきほど説明したように温度がゼロであっても圧力を生み出してくれる。**この圧力が、星自身の重力を支えていて、重力崩壊が起こらないようにしているのである。**これは比較的質量が小さい場合だな。星の質量が大きいとどうなるか。このときは核融合の燃料がつきると、最後に超新星爆発が起きて、そのあとに中性子星と呼ばれる白色矮星よりもっともっと高密度な星ができあがる。あまりに密度が大きいので、電子が陽子に捕獲されて中性子に変換してしまい、星がすべて中性子でできているすごい星なのだ。中性子もフェルミ粒子であるので、やはりフェルミ縮退圧が発生し、そのために星が重力崩壊するのが防がれている。ここでもフェ

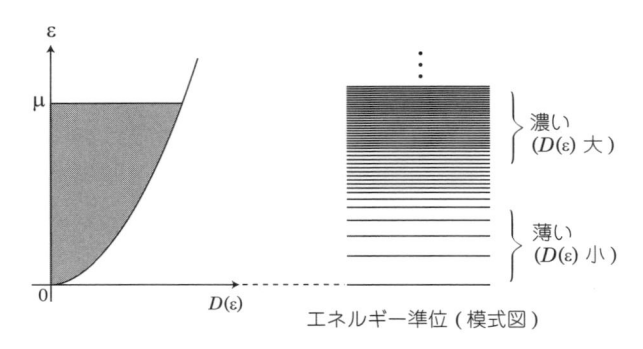

図 5.12　状態密度のグラフとエネルギー準位の様子

ルミ粒子の性質が効いているんだな。でも実は、中性子のフェルミ縮退圧には上限があり、あまりに重い星では中性子のフェルミ縮退圧をもってしても支えきれなくなる。このときは、**もう星の重力崩壊を防ぐ手立てがなくなり、超新星爆発のあとにブラックホールができる**ことになるんだ。こんなところにも統計力学が有効に使われているのである。

5.10　フェルミ統計で物質の性質を読み解く

すでに述べたように、フェルミ粒子からなる理想気体の一番の応用は、物質中の自由電子である。ここまでの結果を使って、ざっとではあるが、実際の物質中での電子の状態を考えてみることにしよう。もちろん現実の物質中の電子は、「フェルミ粒子の理想気体」という粗い近似からはだいぶ異なっている。しかし、状態密度 $D(\varepsilon)$ が物質によって異なることだけ考察すれば、物質の定性的な性質は「相互作用しないフェルミ粒子」でとてもよく理解できるのだ。

まず、理想気体のときの状態密度 $D(\varepsilon)$ をもう一度かいてみよう。ただ、同じグラフを縦軸と横軸をひっくり返してかくことにする (図 5.12)。なぜかといえば、エネルギーを縦軸にしたほうがエネルギー準位と同時にかいたときの対応がいいからである。状態密度のもともとの定義からすると、エネルギー準位が密集しているところで $D(\varepsilon)$ は大きくなるはずだから、イメージとして

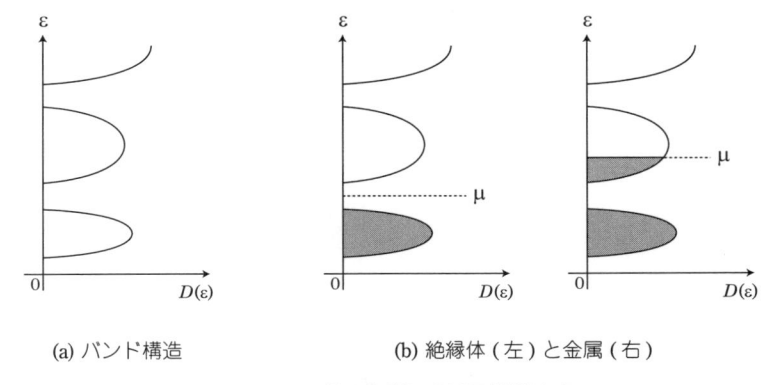

(a) バンド構造　　　　　　(b) 絶縁体 (左) と金属 (右)

図 5.13　一般の物質における状態密度

エネルギー準位の様子を模式的にかくと図のようになる。状態密度はエネルギー準位の場所と数を表していることをイメージしてほしい。

図 5.12 は理想気体の場合の状態密度である。一般の物質では、原子が周期的に並んでいるので、原子核が作る周期的な引力の影響を受けて、状態密度 $D(\varepsilon)$ は大きく変化する。その一例を図 5.13(a) に示す。実は、一般の物質中では状態密度は大きく変化してしまう。とくにあるエネルギー領域では、エネルギー準位がなくなってしまい、状態密度が 0 になってしまうのだ。そのようなエネルギー準位がない領域を「禁制帯」という。またエネルギー準位があるエネルギー領域を「許容帯」もしくは単に帯の英語名である「バンド」といい、バンドとバンドの間の間隔 (=禁制帯) をバンドギャップという。

さて、物質にはその電気伝導によって金属と絶縁体に分類されるのだが、実はそれはバンド構造と、化学ポテンシャルがどこにあるかによって決定されている。図 5.13(b) に模式的な図を示した。化学ポテンシャル以下のエネルギー準位に電子 (フェルミ粒子) が詰まっていくが、ちょうどバンドを埋めた場合が絶縁体、バンドの途中まで埋まっている場合が金属に対応するのだ。なぜか？　物質に外から電圧を加えたときに、もし電流が流れたとすれば、ジュール熱によって系全体のエネルギーが上がるはずなのだ。しかし、電子はフェルミ粒子だから、化学ポテンシャル以下のぎちぎちに詰まっている準位の間で

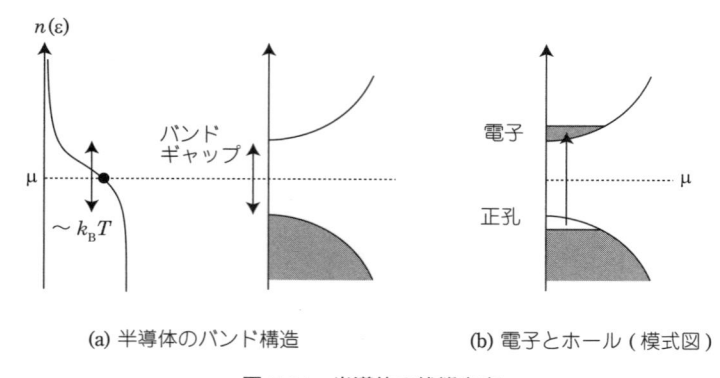

(a) 半導体のバンド構造　　(b) 電子とホール(模式図)

図 5.14　半導体の状態密度

電子は移動できない。よって、可能なことは化学ポテンシャル以下の埋まっている準位から、化学ポテンシャル以上の空いている準位に電子を移動させることだけである。もし、化学ポテンシャルがバンドギャップの中にあると、占められている準位から空いている準位に電子を移動させるには、少なくともバンドギャップのエネルギー以上を必要とするが、これは非常に大きなエネルギーのため通常は起きないのだ。よって、絶縁体の状態に電場を加えても電流はながれないのである。一方、金属であれば占められている準位から空いている準位に電子を移動させるのにそれほどエネルギーは必要ないので、系全体のエネルギーを容易に上げることができ、電流が流れることが可能となるのである。ちなみに金属のときには、バンドの途中まで埋まっている様子が理想気体の状態密度 (図 5.12) と似ているので、フェルミ粒子による理想気体の模型がよい近似になっているのである。

　バンドギャップの間に化学ポテンシャルがきているときは絶縁体であるといったが、ギャップのエネルギーが小さいと、少し変わった振る舞いをする。それはフェルミ分布の性質を考えるとよくわかる。図 5.14(a) に、絶縁体のバンド構造をフェルミ分布とともにかいた。エネルギーを縦軸としているため、フェルミ分布のグラフは横軸方向にかいてある。すでに説明したように、フェルミ分布はは $k_B T$ 程度の幅で 1 から 0 へと変化している。よって、$k_B T$ が

エネルギーギャップと同程度になると、熱揺らぎによって電子が詰まっているバンドから電子が空いているバンドへと、電子の移動が起こる (図 5.14(b))。これにより、上のバンドには電子が少数励起されて、伝導性を示すようになるのだ。ちなみに、うまっているバンドの上端にもわずかに電子の「抜け」が存在するが、これを「正孔」と呼ぶ。正孔は正の電荷を持ち、やはり伝導特性を持つ。このような性質を持つ物質のことを「半導体」といい、例としてシリコンやゲルマニウムが挙げられる。

さて、励起された少数の電子や正孔は、外部電圧の影響を受けやすく、オームの法則に従わない複雑な伝導特性を示す。これを応用したのがトランジスタだ。半導体であるシリコンは、トランジスタやそれを集積した回路である LSI をつくる上でとても重要な材料である。またコンピュータの素子はすべてシリコンテクノロジーによって支えられているのであるが、**その基本特性はすべて「統計力学」で記述されているのである！** 物質科学での統計力学のパワーを感じるとることができただろうか。

5.11 相転移現象で締めくくり

長い統計力学の授業もようやく最後のテーマにたどりついたな。ここまで頑張ってついてきてくれて、ありがとう。最後は、統計力学の中でもひときわ美しい現象である**「相転移現象」**を取り扱うことにしよう。

相転移現象とは何か。それは日夜諸君が目にしている現象だ。やかんでお湯を沸かすと沸騰する、寒い日に地面が凍る、雪が融ける、ガラスに水滴が結露する。これらはすべて水の相転移現象なのだ。水には三種類の物理状態があることは、よく知っているだろう。気体である水蒸気、液体である水、固体である氷の三種だ。このような物質のことなる状態のことを一般に「相」と呼び、気体・液体・固体のそれぞれの相を「気相」「液相」「固相」という。相転移現象とは、異なる相の間で転移が起こる現象のことだ。水でいえば、沸騰や凍結が相転移現象に対応している。

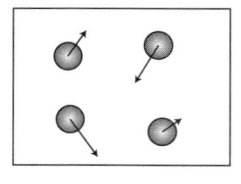

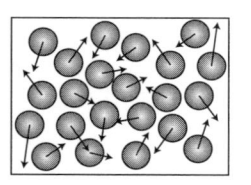

気体（密度小）　　　液体（密度大）

図 5.15 気体と液体の違い

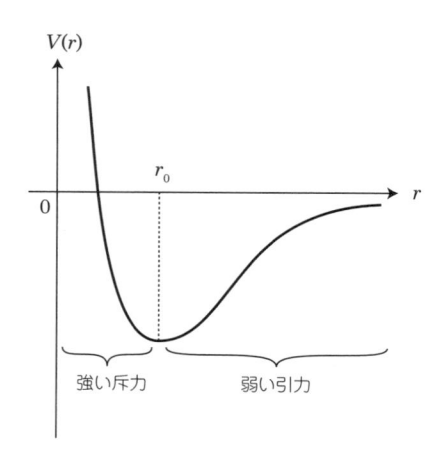

図 5.16 分子間力による位置エネルギー

（横軸 r、縦軸 $V(r)$、r_0 で極小。$r < r_0$ は強い斥力、$r > r_0$ は弱い引力）

　さて、そもそもなぜ物体には異なる相が存在するのだろうか。ここでは例として「気相」から「液相」の間の相転移を考えてみよう。気相も液相も、気体分子が激しく運動していることに変わりはない。ただ、密度が大きくことなるのである。それぞれの相での分子の様子を模式的に示したのが図 5.15 である。気相の場合は分子間が十分に離れているが、液相の場合には分子間距離が短く、分子と分子は密接しながら運動をしているのだ。

　さて、気相と液相の相転移を理解する重要な鍵は分子間の引力である。分子の間には、ファンデルワールス力と呼ばれる非常に弱い引力が働くことが知られている。このため、ある距離までは分子は近づこうとする性質がある

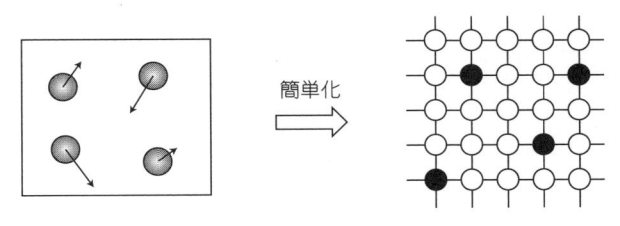

図 5.17 格子気体模型

のだ。しかし、分子があまりに近づくと、分子が重なってしまうために強い斥力が生じるようになる。この性質をわかりやすく見るには、分子間の距離が r のときの位置エネルギー $V(r)$ のグラフをかくとよい。分子間力による位置エネルギーの模式図を図 5.16 に示す。ここで、分子に働く力は $F = -dV/dr$ で与えられることに気をつけると、確かにある距離 $r = r_0$ より遠方では分子間に引力 ($F < 0$) が働いており、互いに引き合うが、$r = r_0$ より近くでは強い斥力 ($F > 0$) を受ける様子がこの図から読み取れるだろう。結局、分子は距離 r_0 の位置にきて、位置エネルギーが最小値 $-v_0$ をとりたがろうとする。分子にとっては、分子間距離が r_0 程度になっていると、**居心地がいい**のだ。液体はまさにそのような分子間距離となっているのである。

さて、分子間に働く位置エネルギーの特徴がわかったので、これを統計力学で解くことにしよう。何も近似せずに解きたいところだが、残念ながらそれはかなり難しい。そこで、思い切った簡単化を行うことにしよう。まず、容器の中の空間を、格子上に区切ることにし、気体分子をその格子上におくのだ (図 5.17)。ちょうど碁盤のようなものを考えてもらい、そこに碁石をのせることをイメージしてほしい。そして、「同じ格子点に気体分子は 2 個以上これない」と仮定する。これは分子間に働く強い斥力の性質をとりいれたものだ。このような格子上の気体を「格子気体」と呼ぶことにしよう。

この斥力の効果を取り入れた格子気体だけでは、相転移現象は生じない。そこで「隣りあう格子に気体分子が 2 個あったとき、エネルギー $-v_0$ を持つ」という仮定を加えよう。これは分子間の弱い引力の効果を取り入れたものだ。これで「近い場所で斥力」「少し離れた場所で引力」という効果を、簡単な模

(a) 格子気体

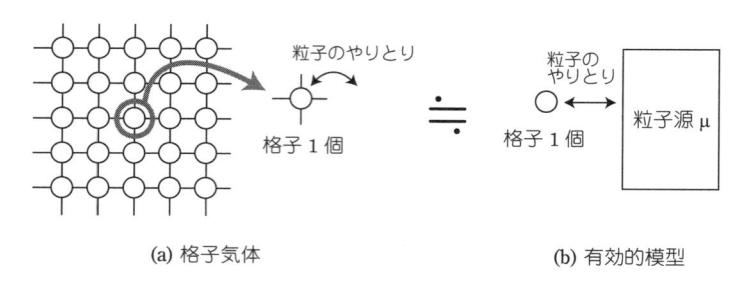

(b) 有効的模型

図 5.18　格子気体の近似手法

型でとりいれたことになる。また簡単のために、気体分子の運動エネルギーは思い切って無視してしまおう (重要ではあるのだが、相転移現象にはほとんど関係しないので)。これほどシンプルな模型で、気相から液相への相転移がちゃんとでてくるのだ！

　さっそく計算にとりかかろう。格子点の数を V とし、そこに N 個の粒子をばらまくことにしよう。ここで V は体積に対応するものであるが、単位は (個) であることに注意。また、各格子点に粒子が 2 個以上こないので、粒子数は $0 \leq N \leq V$ の範囲にないといけない。格子点 1 個あたりの平均粒子数を $\bar{n} = N/V (0 < \bar{n} < 1)$ とおくことにしよう。

　さて、格子模型のある一つの格子に着目したとする (図 5.18(a))。この格子をずっと見ていれば、まわりの格子から粒子が入ってきて格子点が埋まるときもあるし、粒子がまわりに出て行って格子点が空になるときもある。この 1 個の格子点上の粒子数は揺らぐわけだが、これは「格子点一つが化学ポテンシャル μ の粒子源と結合している状況」に読み替えることができる (図 5.18(b))。大正準統計のやりかたにならって、まず化学ポテンシャル μ を決め、平均粒子数 $\bar{n}$ を計算して、あとから与えられた $\bar{n}$ を満たすように μ を調整することにしよう。

　一つの格子に着目してしまえば、取り得る状態をすべて挙げるのは簡単だ。格子には、気体分子がいる $n = 1$ か、いない $n = 0$ か、の二通りしかない (図 5.19)。粒子がいないときのエネルギーは 0 であるが、問題は粒子がいるときのエネルギーだ。このとき、粒子は隣の格子にいる粒子と相互作用をして、負

	エネルギー	粒子数
粒子がいない ○	0	0
粒子がいる ● 隣にいる粒子数≈$z\bar{n}$	$-v_0 \times z\bar{n}$	1

図 5.19 一つの格子の状態とそのエネルギー

のエネルギーを持つ可能性がある。問題は隣にどれくらいの粒子がいるかであるが、ここでおおざっぱな近似を考えてみよう。今、着目している格子点と隣り合う格子点の数を z とする (図 5.17 のような二次元の模型では $z=4$ である)。このとき、隣の格子点にくる平均の分子数は $\bar{n}$ なので、すべての格子点で足し上げると、平均して $z\bar{n}$ 個の粒子が隣にいると考えることができるだろう。これは近似であるが、z が十分に大きければよい近似になっていることが知られている (この近似を平均場近似という)。このように考えると、着目した格子に粒子がいないときのエネルギーは $\varepsilon_0 = 0$、粒子がいるときのエネルギーは分子間の引力の影響で $\varepsilon_1 = -v_0 z\bar{n}$ となる。

次に大正準統計の方法に従って、大分配関数を計算しよう。大分配関数は、すべての可能な状態について $e^{-\beta(E-\mu N)}$ の和をとったものであるが、今の場合二つしか状態はない (図 5.17) ので、この二つについて和をとればよく

$$\Xi_1 = e^{-\beta(0-\mu \times 0)} + e^{-\beta(-v_0 z\bar{n} - \mu \times 1)} = 1 + e^{\beta(v_0 z\bar{n} + \mu)}$$

となる。ここで期待値公式を使って、平均の粒子数を求めると、

$$\begin{aligned}
\bar{n} &= \frac{1}{\beta} \frac{\partial}{\partial \mu} (\log \Xi_1) \\
&= \frac{1}{\beta} \frac{\beta e^{\beta(v_0 z\bar{n} + \mu)}}{1 + e^{\beta(v_0 z\bar{n} + \mu)}} \\
&= \frac{1}{e^{-\beta v_0 z\bar{n}} e^{-\beta \mu} + 1}
\end{aligned}$$

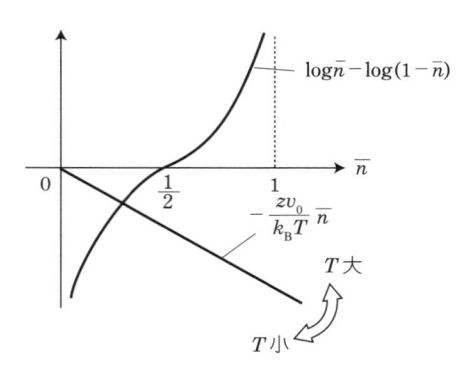

図 5.20　化学ポテンシャルの振る舞いを決める二つのグラフ

となる。最後の数式の両辺に $\bar{n}$ が出てくることに注意しよう。この式から、化学ポテンシャル μ について解くことができる。まずいったん $\alpha = e^{-\beta\mu}$ として、

$$\bar{n} = \frac{1}{\alpha e^{-\beta v_0 z \bar{n}} + 1}$$
$$\Leftrightarrow \alpha = \frac{1-\bar{n}}{\bar{n}} e^{\beta v_0 \bar{n} z}$$

と解いてから、$\beta\mu = -\log\alpha$ に注意して、

$$\beta\mu = \log\bar{n} - \log(1-\bar{n}) - \beta v_0 \bar{n} z$$
$$\Leftrightarrow \frac{\mu}{k_B T} = \log\bar{n} - \log(1-\bar{n}) - \frac{v_0 \bar{n} z}{k_B T}$$

となる。最後に $k_B T$ を掛けると μ について解いたことになるが、考えやすさのためにこの形でとめておこう。

さて、この形から何がわかるだろうか？　$\mu/k_B T$ を $\bar{n}$ の関数としてかいてみよう。$\log\bar{n} - \log(1-\bar{n})$ および $-(v_0 z/k_B T)\bar{n}$ をそれぞれグラフにすると、図 5.20 となる。前者は単調に増加する関数であり、温度に依存しない。後者は $\bar{n}$ の一次関数であり、傾きは温度 T の逆数に比例している。この二つの和をとったときのグラフをかきたいわけだ。

(a) 高温　　　　　　　　　**(b) 低温**

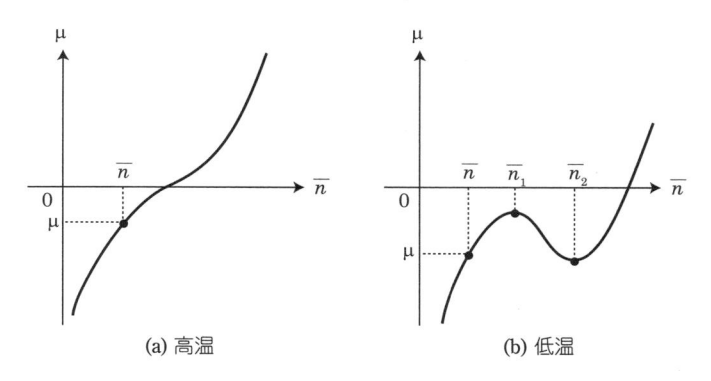

図 5.21 化学ポテンシャルの粒子数密度依存性

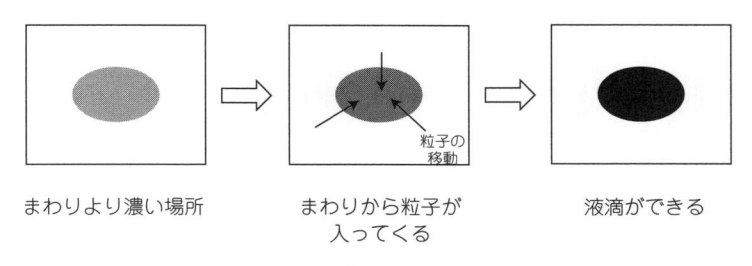

まわりより濃い場所　　まわりから粒子が　　液滴ができる
　　　　　　　　　　　　入ってくる

図 5.22 液滴ができる様子

　ここで実は温度 T によって二通りのグラフがかけることに気がつく。まず、温度 T が十分に大きければ、$-(v_0 z/kT)\bar{n}$ の項は小さくなるので無視できる。そうすると、$\mu/k_B T$ のグラフは、図 5.21(a) のように単調増加の関数となる。このときはとくに変なことは起きていなくて、$\bar{n}$ を増やしていくと化学ポテンシャル μ が増えていくだけである。これは通常の結果である (フェルミ粒子の理想気体の計算結果を思い出すとよい)。しかし、温度がある程度低くなってくると、$\mu/k_B T$ のグラフは図 5.21(b) のように、非単調な部分がでてくるようになる。ある領域 $\bar{n}_1 \leq \bar{n} \leq \bar{n}_2$ で μ が $\bar{n}$ の減少関数となるのだ。これは異常な結果であり、かなり変なことが起こっていることがすぐにわかる。

(a) 傾き μ 上に凸 $f(\bar{n})$
$\bar{n}$ $\bar{n}_1$ $\bar{n}_2$ $\bar{n}$

(b) $f(\bar{n})$
$f_{g\text{-}l}$ $(1-p)$ (p)
$\bar{n}_g$ $\bar{n}$ $\bar{n}_l$ $\bar{n}$

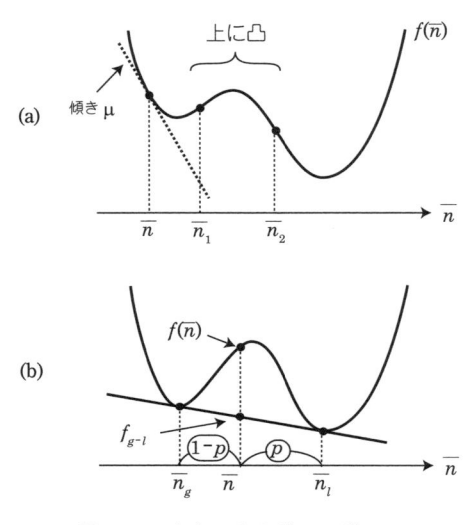

図 5.23 自由エネルギーのグラフ

まず、領域 $\bar{n}_1 \leq \bar{n} \leq \bar{n}_2$ にある粒子密度 $\bar{n}_3$ を一つとったとしよう。ここでは、

$$\frac{\partial \mu}{\partial \bar{n}}(\bar{n}_3) < 0$$

となっているのだが、これは熱力学の安定性から許されないのである。なぜか？ まず、ほぼ密度 $\bar{n}_3$ の一様な容器を考えよう。次に密度が少し大きい場所ができたとする。$\frac{\partial \mu}{\partial \bar{n}}(\bar{n}_3) < 0$ より、この場所では化学ポテンシャルは他の場所より小さくなる。そうすると化学ポテンシャルの性質である「**化学ポテンシャルの大きいところから小さいところに粒子が流れ込む**」という**現象が起こり、この場所はますます密度が濃くなっていくのだ** (図 5.22)。結局、これを繰り返すことで、容器内に「液滴」ができあがるのだ！

同じことを別の見方で考えてみよう。化学ポテンシャル μ が平均粒子数密度 $\bar{n}$ の関数としてわかっているのだが、化学ポテンシャルの定義

$$\mu = \frac{\partial F}{\partial N}$$

を体積あたりの自由エネルギー $f = F/V$ および数密度 $\bar{n} = N/V$ で書き直した式

$$\mu = \frac{\partial (F/V)}{\partial (N/V)} = \frac{\partial f}{\partial \bar{n}}$$

を使えば、体積あたりの自由エネルギー f は $\mu = \mu(\bar{n})$ を $\bar{n}$ で積分することによって得られる (V はこの偏微分では固定されているので、定数として扱ってよい)。その模式図を図 5.23(a) に示す。ポイントは、$\partial \mu / \partial \bar{n}$ が $\bar{n}_1 \leq \bar{n} \leq \bar{n}_2$ の領域で負であることから、同じ領域で自由エネルギー $f(\bar{n})$ は上に凸になることである。さて、化学ポテンシャル μ が与えられているときには、傾き μ の曲線がちょうどこの自由エネルギーのグラフに接するような点 $\bar{n}$ が粒子の平均密度を与える。さて、傾き μ を負の値からはじめて、徐々に増やしていくことを考えよう。そうすると、接点は徐々に移動していき、ある傾き μ でグラフに二重に接するようになる。この接点をそれぞれ $\bar{n}_g, \bar{n}_l$ としよう。実は $\bar{n}_g \leq \bar{n} \leq \bar{n}_l$ の領域では、グラフ上で与えられる「一様な密度の格子気体の自由エネルギー」よりも、「密度 $\bar{n}_g$ の気体 (gas) 状態と密度 $\bar{n}_l$ の液体 (liquid) 状態をある割合で混ぜた自由エネルギー」のほうが低くなるのだ！ 実際、気体と液体の割合を $p, 1-p$ とおいたとき、p は平均密度 $\bar{n}$ から

$$\bar{n} = p \bar{n}_g + (1-p) \bar{n}_l$$

で決まる。このときの自由エネルギー f_{g-l} は

$$f_{g-l} = p f(\bar{n}_g) + (1-p) f(\bar{n}_l)$$

となるが、これはグラフで図示することができ、図 5.23(b) のようにあきらかに $f(\bar{n})$ より低いではないか。

結局、化学ポテンシャルを徐々に動かしていったとき、ある化学ポテンシャルのところでは、粒子密度 $\bar{n}$ が一気に $\bar{n}_g$ から $\bar{n}_l$ へと、ジャンプする (図 5.24(a))。よって、「正しい」化学ポテンシャルの $\bar{n}$ 依存性は図 5.24(b) となるのだ。なんと、「粒子密度がジャンプする」という、関数としては特異的な場所ができるのである。**ここで「気相」から「液相」への相転移が起きているのだ。**

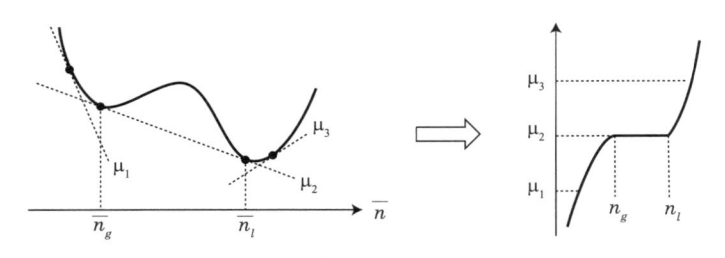

図 5.24 粒子数密度のとび

　相転移現象はもとをただすと「熱力学量に異常な振る舞いがでる」場所である。例えば、ここで気相液相転移では「密度に飛びがでる」ことによって生じる。これは数学的に言えば、「熱力学関数が特異点を持っている」のだ。そして、この特異点を生じさせるメカニズムが統計力学に備わっているのである。いや、言い足りないな、**「統計力学のみがこの特異性を生み出せる学問である」**のだ。同じことができる学問は他にないのである。

　どうじゃ、統計力学の最後にふさわしい内容じゃったろう。これで統計力学の授業は終わりだ。統計力学のすべてを紹介できたわけではなかったが、重要な「骨格」にあたる部分はすべて説明したつもりじゃ。この授業は、いわば諸君の冒険の出発点だとわしは思っておる。統計力学の授業で、最低限の装備品は手に入れたはずじゃ。これを武器に、ぜひとも物理学の大海原に冒険に旅立って欲しい。じゃあな。グッドラック。

おもしろゼミナール

　いよいよ夏本番といった季節になったある日のこと。統計力学の授業が終わり、試験も無事終わって一段落した奈々子さんは、例によってお茶部屋でコーヒーを飲んでいた。統計力学の授業は、最後の方でだんだん難しくなったが、なんとか落ちこぼれずに済んだようだ。

奈々子さん　最後の相転移の話、難しかったわ。

先生　そうだな。その話は少しだけアドバンストな話題だったかも知れない。でも統計力学の一番面白いところであるのは事実なんだ。それを話さないのはもったいないと思ってな。

奈々子さん　でも、ちょっと思ったんだけど、液体と気体の違いって密度が違うことだけなのよね。それ以外に違いはあるの？

先生　違いはない。密度が異なるだけだな。液体と気体の間の相転移は「**密度がジャンプする**」ということでわかるんだ。圧力を上げていくと、液体と気体の密度の違いはだんだんなくなっていって、ある臨界気圧以上になると相転移そのものがなくなるんだ。このように、高圧下では気体と液体を区別することはできなくなってしまうんだよ。

奈々子さん　超臨界水というのを聞いたことがあるけど、それかしら。

先生　ああ、そうだ。超臨界水は高温・高圧にした、気体と液体の中間的な性質を持つ特殊な水のことだな。機会があれば、教科書で水の相図を見てみるといい。液体と気体の境界線が途中でとぎれているはずだ。超臨界水は、この途切れた先の水の状態なんだ。このように水と水蒸気の間の相転移は、密度のとびだけで規定される相転移なのだが、このような相転移を一次相転移と呼ぶんだ。

奈々子さん　他の種類の相転移もあるの？

先生　二次相転移というものがある。一番わかりやすいのは磁石だな。例えば鉄は有名な永久磁石なんだが、鉄は温度を上げていくと磁石としての性質を失ってしまう。この温度をキュリー温度というが、ここでは二次相転移が起こっているんだ。二次相転移というのは、正確にいえば、自由エネルギーの

二階微分、例えば比熱のような量が発散するような相転移なんだ。

奈々子さん なんか難しい定義ね。

先生 定義はまだあまり気にしなくていいよ。でも一言いわせてくれ。多くの統計力学の教科書が二次相転移だけを扱っているが、わしはこれがすごく不満なんだ。身の回りで見かける相転移はほとんど一次相転移なんだよ。水が水蒸気になる現象しかり、水が凍結して氷になる現象しかり。なんで先に一次相転移をちゃんと教えないのか、わしには不思議でたまらない。

奈々子さん 確かに、水が水蒸気に変わる現象を考えた方が、すごくピンとくるわね。

先生 そうだろう？ 話が変わるが、水の凍結も水の沸騰もともに一次相転移なんだが、実はこの二つは異なるところがある。それは何かわかるかな？

奈々子さん えっ、そんな急に言われても。えーと、氷は固体なんですよね。気体と液体と違って形状が変わらないから、少し違うような気がします。

先生 お、いい線いってるな。実は固体というのは「原子が周期的にならんでいる」という秩序だった状態なのに対し、液体や気体はそのような秩序がない状態なんだ。だから、気体と液体の間の相転移は「密度のとび」しか違いがないのだが、液体と固体の間の相転移は「秩序度」というべき量に差がある。液体は完全な無秩序状態で、固体は秩序ある状態なんだ。よって、液体中の「秩序度」はゼロで、固体中の「秩序度」は有限なんだよ。

奈々子さん なんですか、秩序度って。

先生 正確には秩序パラメータというんだが、長いのでわしが勝手に作ったのだ。それで、この秩序パラメータが存在するため、固体と液体は明確に区別される。さきほどのように、圧力が高くなると液体と気体の区別がつかなくなったが、秩序度の有無という明確な違いがあるので、固体と液体の間の区別がなくなることは決してないんだ。それから、さっきの磁石の例も秩序度が関係ある。この場合は、鉄全体の磁石の向きだな。温度が低いと鉄原子の持つ磁石の向きがある方向にそろうから秩序度が有限だが、キュリー温度より温度が高くなると原子の持つ磁石の向きが完全にバラバラになって秩序度がゼロになってしまうんだ。

奈々子さん なるほど、先生の部屋みたいな状態ですね。

先生 そうそう……じゃない。わしの部屋は常人には無秩序に見えるだろうが、あれはものを放置しているんじゃない、ものを所定の場所に置いてあるんだ。

奈々子さん はいはい。

先生 ところで我々が住んでいるこの世界の入れ物それ自体にも、秩序度があることを知っているかい？ 物質が何もない、真空の状態ですら、「磁石がそろった状態」とか「原子が周期的にならんだ状態」の同じように、ある種の秩序があるんだ。

奈々子さん え、真空にも秩序があるの?

先生 ああ、ある。そのまえに、秩序がある状態に特有の特徴を説明しよう。例えば、鉄が磁石になっている状態 (秩序がある状態) は、磁石の N 極の向きがある方向に決まっているよな。でも、例えば鉄をキュリー温度以上に熱した後、キュリー温度以下まで冷やしていったとき、鉄の N 極の向きはどう決まるか？ 実は偶然で決まるだ。我々が住んでいる三次元空間は、どの方向が特別ということがないからだ。でもいったん磁石の向きが決まってしまうと、この磁石の性質はその磁石の向きで規定されてしまう。

奈々子さん なるほど、もともとどちらの方向が特別ということはなかったのに、秩序度があると特別な方向ができてしまうんですね。

先生 そうだ。もう一つ、似たような例として、エスカレータで人が後から来る人のために片側によけるときの向きというのもあるな。右によけるか、左によけるか、というやつだ。

奈々子さん みんな左によけてますよね。

先生 ああ、関東近郊ではそうだな。

奈々子さん え、違うところもあるの?

先生 関西だと逆なんだよ。一度、関西に行ってみるといい。みんながエスカレータで意識的にどちらかの側に避けていて、左右の対称性が破れている状態は、一種の「秩序がある状態」といえるだろう。でも、左右のどちらかに避けるかは偶然で決まっているんだ。

奈々子さん なるほどね。

先生 さて、真空の話にもどろうか。真空でも、実は左右の対称性がやぶれているんだ。これは原子核の崩壊現象の一種である β 崩壊現象では、実は右と左の対称性がやぶれていることがわかっているんだ。これは真空そのものが、何かしらの「秩序だった状態」であることが原因なんだよ。

奈々子さん じゃあ、真空にも温度があって、我々の世界では温度が低いということなの?

先生 ああ、そのとおり。昔、ビックバンが起こった当初の高温の世界では、そのような対称性のやぶれはなかったんだが、ある温度まで下がったときに真空が相転移したと考えられているんだよ。

奈々子さん 不思議な話ね。統計力学の最後の話が、そんな話につながっているとは知らなかったわ。統計力学もなかなか面白い学問ですね。

先生 ああ、わしも教えていて一番面白い科目だ。興味を持ったら、ぜひもっと進んだ本を読んでみて欲しい。さて、私はこれから卓球をしにいこうかな。

助教 あっ、先生…。いっちゃった。先生の卓球姿は人に見せられないなぁ。

奈々子さん なんで?

助教 先生はスポーツ用のショートパンツだと思っているらしいけど、あれはどう見ても派手なトランクスなんですよね。

奈々子さん !!!

あとがき

　本書はもともと、以前の勤務地であった大阪市立大学で行った統計力学の授業がもとになっています。講義は2000年から4年間おこない、3年目の講義の際に講義テキスト作成しました。ちょうどこのとき、私の親友である小島寛之さんの著書「ゼロから学ぶ微分積分」「ゼロから学ぶ線形代数」のチェックを手伝っていましたので、そのときの担当であった大塚記央さんにテキストの原稿を見せたのが、本書の企画の出発点となりました。しかし、その後現職に移って環境が変わり忙しくなってしまい、最近まで10年近く放置したままとなってしまいました。大塚さんには大変ご迷惑をおかけしました。申し訳ない気持ちでいっぱいです。2012年に入って、第1章を新しく書き直したものを見ていただいたのを契機に、大塚さんの多くの叱咤・激励のもとなんとか執筆を終えることができました。大塚さんの忍耐強い編集作業がなければ、本書は完成しなかったと言っても過言ではないと思います。心より感謝いたします。

　結果的にはある程度時間がおかれたことによって、もととなった講義テキストからは格段にレベルアップした教科書ができあがったのではないかと考えています。授業や講義テキストで不満だった部分も、いろいろ工夫した結果、なんとかすっきり説明することができるようになりました。結局、講義テキストでの説明の流れは踏襲しつつ、文章はほとんどすべて書き直しました。

　本書の執筆は親友の小島寛之さんの存在なくして語ることができません。小島さんは私が大学1年生のときにアルバイトをしていた塾の主任であり、もうかれこれ20年来の親友です。塾では物理や数学を教える傍ら、小島さんや同僚の方々といろいろな物理・数学の話題を語り合ったり議論したりしました。そこでの経験は私にとってかけがいのないものとなりました。本書に関しても、執筆を強く勧めてくださり、叱咤激励を飛ばしていただきました。またご多忙にもかかわらず、本書の原稿を見ていただき、とても有益なコメントを多数いただきました。この本が読みやすくなったのは、ひとえに小島さんのおかげです。本当に感謝いたします。また本書の原稿を読んでいた

だき、貴重なアドバイスをいただいた工藤康子さんにも感謝いたします。

　大学時代からファインマン物理学の教科書を読んで、いつかこれを越えるような教科書をかいてやりたいと思っていました。でも本書を執筆して痛感したのは、ファインマン物理学にそうやすやすとは勝てそうにないということでした。でも、とにかく教科書を一つ書き終わることができてほっとしています。無味乾燥ではない、生き生きとした語り口の教科書が増えることを願って、筆をおきたいと思います。最後になりましたが、執筆の間家庭を切り盛りし、私を支えてくれた妻・美香子に深く感謝します。執筆が終わりましたので、産まれたばかりの娘・麻梨子の育児をこれから頑張ろうと思います。

　　　　　　　　　　　　　　　　　　　　　　　　　　加藤　岳生

練習問題の解答

[問題1] 期待値、分散、標準偏差はそれぞれ以下のように計算される。

$$E(n) = 1 \times \frac{1}{6} + 2 \times \frac{1}{6} + \cdots + 6 \times \frac{1}{6} = \frac{7}{2}$$

$$V(n) = (1-\frac{7}{2})^2 \times \frac{1}{6} + (2-\frac{7}{2})^2 \times \frac{1}{6} + \cdots + (6-\frac{7}{2})^2 \times \frac{1}{6} = \frac{35}{12}$$

$$\sigma(n) = \sqrt{V(n)} = \sqrt{\frac{35}{12}} \approx 1.7$$

図は省略 (重心位置が $7/2 = 1.5$、分布幅が 1.7 であることを確かめよ)。

[問題2] $E(n)$ が n に依存しない定数であることに注意して、

$$V(n) = \sum_{n=0}^{\infty}(n-E(n))^2 p_n = \sum_{n=0}^{\infty} n^2 p_n - 2E(n)\sum_{n=0}^{\infty} n p_n + (E(n))^2 \sum_{n=0}^{\infty} p_n$$

全確率が 1 であること、および期待値の定義から、

$$\sum_{n=0}^{\infty} p_n = 1, \quad E(n) = \sum_{n=0}^{\infty} n p_n, \quad E(n^2) = \sum_{n=0}^{\infty} n^2 p_n$$

これらを代入して、

$$V(n) = E(n^2) - 2E(n)^2 + E(n)^2 = E(n^2) - E(n)^2$$

[問題3] (1) 二項定理の式 $\left(\dfrac{x}{2}+\dfrac{1}{2}\right)^N = \sum_{n=0}^{N} {}_N C_N (x/2)^n (1/2)^{N-n}$ の両辺を x で微分すると

$$\frac{N}{2}\left(\frac{x}{2}+\frac{1}{2}\right)^{N-1} = \sum_{n=0}^{N} {}_N C_n \frac{n}{2}\left(\frac{x}{2}\right)^{n-1}\left(\frac{1}{2}\right)^{N-n}$$

この式に $x=1$ を代入して、

$$\frac{N}{2} = \sum_{n=0}^{N} {}_N C_n n \left(\frac{1}{2}\right)^n \left(\frac{1}{2}\right)^{N-n} = \sum_{n=0}^{N} n P_n = E(n)$$

(2) さらに x で微分すると、

$$\frac{N}{2}\frac{N-1}{2}\left(\frac{x}{2}+\frac{1}{2}\right)^{N-2} = \sum_{n=0}^{N} {}_N C_n \frac{n}{2}\frac{n-1}{2}\left(\frac{x}{2}\right)^{n-2}\left(\frac{1}{2}\right)^{N-n}$$

この式に $x=1$ を代入して、

$$\frac{N(N-1)}{4} = \sum_{n=0}^{N} {}_N C_n n(n-1)\left(\frac{1}{2}\right)^n \left(\frac{1}{2}\right)^{N-n}$$
$$= \sum_{n=0}^{N} n^2 P_n - \sum_{n=0}^{N} n P_n = E(n^2) - E(n)$$

ここで公式 $V(n) = E(n^2) - E(n)^2$ および $E(n) = N/2$ を用いて、
$$V(n) = E(n^2) - E(n)^2 = (E(n^2) - E(n)) + (E(n) - E(n)^2)$$
$$= \frac{N(N-1)}{4} + \frac{2N - N^2}{4} = \frac{N}{4}$$

[問題 4]　(1) $p_i = \frac{1}{Z} e^{-\beta \varepsilon_i}$

(2) $\frac{\partial}{\partial \beta}(\log Z) = \frac{1}{Z}\frac{\partial Z}{\partial \beta} = \frac{1}{Z}\sum_i (-\varepsilon_i)\exp(-\beta \varepsilon_i) = -\sum_i \varepsilon_i p_i = -\langle E \rangle$

(3) $\frac{\partial^2}{\partial \beta^2}(\log Z) = \frac{\partial}{\partial \beta}\left(\frac{1}{Z}\frac{\partial Z}{\partial \beta}\right) = \frac{1}{Z}\frac{\partial^2 Z}{\partial \beta^2} - \left(\frac{1}{Z}\frac{\partial Z}{\partial \beta}\right)^2$

分配関数の定義 $Z = \sum_i e^{-\beta \varepsilon_i}$ から $\frac{1}{Z}\frac{\partial^2 Z}{\partial \beta^2} = \frac{1}{Z}\sum_i \varepsilon_i e^{-\beta \varepsilon_i} = \langle E^2 \rangle$

エネルギー期待値公式より $\left(\frac{1}{Z}\frac{\partial Z}{\partial \beta}\right)^2 = \left(\frac{\partial}{\partial \beta}(\log Z)\right)^2 = \langle E \rangle^2$

以上より、$\frac{\partial^2}{\partial \beta^2}(\log Z) = \langle E^2 \rangle - \langle E \rangle^2$

[問題 5]　$\langle E_1 \rangle = -\frac{\partial}{\partial \beta}(\log Z) = -\frac{\partial}{\partial \beta}\left(\log(e^{\beta \mu H} + e^{-\beta \mu H})\right)$
$$= -\frac{\frac{\partial}{\partial \beta}(e^{\beta \mu H} + e^{-\beta \mu H})}{e^{\beta \mu H} + e^{-\beta \mu H}} = -\frac{\mu H e^{\beta \mu H} - \mu H e^{-\beta \mu H}}{e^{\beta \mu H} + e^{-\beta \mu H}} = -\mu H \tanh(\beta \mu H)$$

[問題 6]　(1) 自由エネルギーの公式より、
$$F = -\frac{1}{\beta}\log Z = -N k_B T \log(e^{\mu H/k_B T} + e^{-\mu H/k_B T})$$

(2) 熱力学の関係式より、
$$S = -\frac{\partial F}{\partial T} = +\frac{\partial}{\partial T}\left(N k_B T \log(e^{\mu H/k_B T} + e^{-\mu H/k_B T})\right)$$

温度 T が前の係数 $N k_B T$ と括弧内の指数関数の肩の 2 カ所あることに注意する。積の微分公式を使って計算を進めると、
$$S = +N k_B \log(e^{\mu H/k_B T} + e^{-\mu H/k_B T})$$

$$+Nk_\text{B}T\frac{e^{\mu H/k_\text{B}T}-e^{-\mu H/k_\text{B}T}}{e^{\mu H/k_\text{B}T}+e^{-\mu H/k_\text{B}T}}\times\left(-\frac{\mu H}{k_\text{B}T^2}\right)$$
$$=+Nk_\text{B}\log(e^{\mu H/k_\text{B}T}+e^{-\mu H/k_\text{B}T})-\frac{N\mu H}{T}\tanh\left(\frac{\mu H}{k_\text{B}T}\right)$$

(3) (1) の結果と、エネルギー期待値公式から計算されるエネルギー

$$E=-N\mu H\tanh\left(\frac{\mu H}{k_\text{B}T}\right)$$

から、(2) の結果は $S=(-F+E)/T$ と変形され、確かに $F=E-TS$ が成り立つことがわかる。

[問題 7] (1) ヘルムホルツ自由エネルギーの公式より

$$F=-\frac{1}{\beta}\log Z=\frac{N}{\beta}\left[\frac{\beta\hbar\omega_0}{2}+\log(1-e^{-\beta\hbar\omega_0})\right]$$
$$=N\left[\frac{\hbar\omega_0}{2}+k_\text{B}T\log(1-e^{-\hbar\omega_0/k_\text{B}T})\right]$$

(2) 熱力学の関係式から、

$$S=-\frac{\partial F}{\partial T}=-N\frac{\partial}{\partial T}\left[\frac{\hbar\omega_0}{2}+k_\text{B}T\log(1-e^{-\hbar\omega_0/k_\text{B}T})\right]$$

温度は 2 カ所あることに注意。積の微分公式より、

$$S=-Nk_\text{B}\log(1-e^{-\hbar\omega_0/k_\text{B}T})+Nk_\text{B}T\frac{e^{-\hbar\omega_0/k_\text{B}T}}{1-e^{-\beta\omega_0/k_\text{B}T}}\frac{\hbar\omega_0}{k_\text{B}T^2}$$
$$=-Nk_\text{B}\log(1-e^{-\hbar\omega_0/k_\text{B}T})+\frac{N}{T}\frac{\hbar\omega_0}{e^{\hbar\omega_0/k_\text{B}T}-1}$$

(3) (1) の結果と、エネルギー期待値公式から計算されるエネルギー

$$E=\frac{N\hbar\omega_0}{e^{\hbar\omega_0/k_\text{B}T}-1}+\frac{N\hbar\omega_0}{2}$$

から、(2) の結果は $S=(-F+E)/T$ と変形され、確かに $F=E-TS$ が成り立つことがわかる。

[問題 8] (1) $Z=(2+e^{-\beta\varepsilon})^N$
(2) $E=-\dfrac{\partial}{\partial\beta}(\log Z)=-N\varepsilon\dfrac{e^{-\beta\varepsilon}}{2+e^{-\beta\varepsilon}}$
(3) $F=-\dfrac{1}{\beta}\log Z=-Nk_\text{B}T\log(2+e^{-\beta\varepsilon})$

(4) $S = -\dfrac{\partial F}{\partial T} = Nk_B \log(2 + e^{-\beta\varepsilon}) + \dfrac{N\varepsilon}{T} \dfrac{e^{-\beta\varepsilon}}{2 + e^{-\beta\varepsilon}}$

[問題 9]　大分配関数の期待値公式より、

$$\langle E \rangle - \mu \langle N \rangle = -\dfrac{\partial}{\partial \beta}(\log \Xi) = -\sum_j \dfrac{-(\varepsilon_j - \mu)e^{-\beta(\varepsilon_j - \mu)}}{1 + e^{-\beta(\varepsilon_j - \mu)}}$$

$$= \sum_j \dfrac{(\varepsilon_j - \mu)}{e^{\beta(\varepsilon_j - \mu)} + 1}$$

$\langle N \rangle = \sum_j \dfrac{1}{e^{\beta(\varepsilon_j - \mu)} + 1}$ を代入すると、$\langle E \rangle = \sum_j \dfrac{\varepsilon_j}{e^{\beta(\varepsilon_j - \mu)} + 1}$ となる。

[問題 10]　(1) 結果の第二式の辺々を第一式の辺々で割ると、$\dfrac{E}{N} = \dfrac{3}{5}\mu$。
(2) 結果の第一式の両辺を対数をとって、$\log N - \log V = \dfrac{3}{2}\log \mu + (定数)$。これの両辺を V で微分すると、$-\dfrac{1}{V} = \dfrac{3}{2\mu}\dfrac{d\mu}{dV}$。よって、$\dfrac{d\mu}{dV} = -\dfrac{2}{3}\dfrac{\mu}{V}$。
(3) (1) の答えの両辺を V で微分すると、$\dfrac{dE}{dV} = \dfrac{3}{5}N\dfrac{d\mu}{dV}$。(2) の答えを代入して、$p = -\dfrac{dE}{dV} = \dfrac{2}{5}\dfrac{N}{V}\mu$。

索　引

あ行

アインシュタイン模型　101
圧縮　147
圧力　13,137,138,151
アボガドロ数　11,49
アンサンブル平均　28
一次相転移　211
運動量　110
液相　201
エネルギー期待値　88,93
エネルギー準位　101,170
エネルギーの離散性　101
エルゴート仮説　27
エルゴート性　28
エントロピー　41,48,137,145,160,168
エントロピー増大則　41
エントロピーの加法性　48
エントロピーの定義　49,57,141
オネス　73
温度　46,53
温度依存性　106
温度の定義　56

か行

化学平衡　166
化学ポテンシャル　137-138,144,152-153,164,178
核スピン　83,127
確率　19
確率分布　17,19,33,180
確率分布関数　19
確率変数　19
気相　201

期待値　19,31
気体定数　49
許容帯　199
禁制帯　199
金属　169,199
グランドカノニカル統計　175
格子気体　203
高分子　61,75
固相　201
固体　100
固体の比熱　104
ゴム　61,65
孤立系　47

さ行

残差　21
時間反転対称性　42
時間平均　28
仕事　140
自由エネルギー　127,134,136,157
重積分　112,114
自由電子　169
自由膨張　34
小正準統計　118
状態数　40,47,129
状態数のエネルギー依存性　49
状態方程式　138
状態密度　133,194,199
情報学的エントロピー　145
初期条件　12
スターリングの近似公式　37
スピン　83,91
正孔　201
正準統計　75,82,118
絶縁体　199
絶対温度　56
絶対零度　73

全微分公式　142
相　201
相転移現象　201

た行

大数の法則　120
大正準統計　177
大正準統計の確率分布　180
大正準統計の期待値公式　183
体積　140
大分配関数　176,181
互いに独立　91
単原子分子　11,15,116,134,137
中性子星　197
統計　10
統計力学　10
等重率の原理　69
同様に確からしい　24
独立　91
トランジスタ　201

な行

二項分布　31-33
二次相転移　211
熱平衡状態　36,70
熱容量　104,106
熱容量の温度依存性　106
熱浴　80,119
熱力学の関係式　136
熱力学の第一法則　50,141
熱力学の第0法則　55

は行

ハイゼンベルクの不確定性原理　111
パウリの排他原理　171
バンド　199
半導体　201

バンドギャップ　199
比熱　68,98,104
非平衡状態　157
標準偏差　22,32
ファインマン　59
ファンデルワールス力　202
フェルミ縮退圧　196
フェルミ統計　171,173
フェルミ分布関数　187
フェルミ粒子　171-172,184,192
不可逆過程　33,48
負の比熱　68
分散　22,31
分配関数　85,92,102,104,110
分配関数合成公式　93
平均値　19
平均場近似　205
ヘルムホルツの自由エネルギー
　126,132,143,157
偏微分　88,142
変分原理　149
ボース統計　171
ボース粒子　171-172
ボルツマン定数　48,58
ボルツマン統計　171
ボルツマンのH定理　37,42
ボルツマン分布　82
ボルツマン方程式　43

ま行・ら行

モル　77,99
モル比熱　99,106,107
力学　11
力積　13
理想気体　108,134,137
理想フェルミ気体　192,195
ルジャンドル変換　143

著者紹介

加藤 岳生(かとう たけお)

1971年生まれ。
東京大学理学部物理学科卒業。
東京大学大学院理学系研究科博士課程修了。理学博士。
現在、東京大学物性研究所准教授。
担当する物理学の授業はこれまでにない面白さとわかりやすさで、学生による授業評価において稀に見る高評価を受ける。
専門：統計力学基礎論、メゾスコピック系物理理論。
下記のページにて、教科書の正誤表および教科書に入り切らなかった文章が掲載されています。ぜひ、ご参照ください。
https://kato.issp.u-tokyo.ac.jp/kato/statphys.html

NDC421 222p 21cm

ゼロから学ぶシリーズ

ゼロから学ぶ統計力学

2013年 3月25日 第1刷発行
2023年 8月18日 第7刷発行

著 者	加藤岳生(かとうたけお)
発行者	髙橋明男
発行所	株式会社 講談社
	〒112-8001 東京都文京区音羽2-12-21
	販売 (03)5395-4415
	業務 (03)5395-3615
編 集	株式会社 講談社サイエンティフィク
	代表 堀越俊一
	〒162-0825 東京都新宿区神楽坂2-14 ノービィビル
	編集 (03)3235-3701
印刷所	株式会社平河工業社
製本所	株式会社国宝社

落丁本・乱丁本は購入書店名を明記の上、講談社業務宛にお送りください。送料小社負担でお取替えいたします。なお、この本の内容についてのお問い合わせは講談社サイエンティフィク宛にお願いいたします。定価はカバーに表示してあります。

© Takeo Kato, 2013

本書のコピー，スキャン，デジタル化等の無断複製は著作権法上での例外を除き禁じられています。本書を代行業者等の第三者に依頼してスキャンやデジタル化することはたとえ個人や家庭内の利用でも著作権法違反です。

JCOPY ＜(社)出版者著作権管理機構 委託出版物＞
複写される場合は，その都度事前に(社)出版者著作権管理機構（電話03-5244-5088, FAX 03-5244-5089, e-mail : info@jcopy.or.jp）の許諾を得てください。

Printed in Japan
ISBN978-4-06-154676-9

講談社の自然科学書

千里の道も最初の一歩から！
ゼロから学ぶシリーズ

概念のおさらいはもちろん、高校では習わない新しい概念をとにかくやさしく、しっかりと、面白く学べる本。

ゼロから学ぶ微分積分
小島 寛之・著
A5・222頁・定価2,750円

はじめが、かんじん
微積分は難解？　それは誤解
寝ころんで読める、脳にやさしい微積分

ゼロから学ぶ線形代数
小島 寛之・著
A5・230頁・定価2,750円

「行列の掛け算は、なぜあんな変な掛け方をするの？」といった誰もが抱く疑問をことごとく氷解させる超入門書

ゼロから学ぶベクトル解析
西野 友年・著
A5・214頁・定価2,750円

「偏微分って何？」「何のためのdiv、rot」といった誰でも一度は抱く疑問を平易な言葉でわかりやすく解説

ゼロから学ぶ統計解析
小寺 平治・著
A5・222頁・定価2,750円

カラオケ屋の儲けと風速に相関関係はあるのか？ サラッと読めて、シッカリわかる
何のこれしき、小寺式

ゼロから学ぶ量子力学
竹内 薫・著
A5・220頁・定価2,750円

かるーく越える、高い壁
量子力学はこわくない！
ネコさえ笑う面白さ！

ゼロから学ぶ統計力学
加藤 岳生・著
A5・222頁・定価2,750円

寝ころんで読める、
目からウロコの統計力学入門！
限りなくていねいに解説

ゼロから学ぶ電子回路
秋田 純一・著
A5・206頁・定価2,750円

初めてでも安心のわかりやすさ！
よくわかるからタメになる

ゼロから学ぶディジタル論理回路
秋田 純一・著
A5・222頁・定価2,750円

なぜ、コンピュータは計算できるのか？
1+1はどうやって計算してるの？
といった疑問も解決！

※表示価格には消費税(10%)が加算されています.

「2022年4月現在」

講談社サイエンティフィク　http://www.kspub.co.jp/